U0255744

一辈子的家，这样装修最简单

朱俞君 著

北京联合出版公司
Beijing United Publishing Co.,Ltd.

contents
目录

前言

Chapter 1
让家简单好住的12个关键原则

Chapter 2
宅即变！7～10天翻新你的人生、你的家

Chapter 3
跟着做！全龄居室不失败装修术

Chapter 4
设计师、达人爱用！建材、家具家饰、照明这样选就足够

前言

越简单越好住，装修焦虑症，走开！

这是一本告诉你如何将软性、感性需求，以具体行动落实的居家书。

就在写作这本书的过程中，我又换了一次房子，这是我第八次换房子，家从原先的无印良品（MUJI）简单路线到了现在的轻美式风格。对我而言，用自己的房子来试验相当有趣，也是很多思考与领悟的来源。正因为如此，身为一位空间设计师，同时也是“自己的业主”，我总是用这两种角色去观察前来委托居室装修的客户。

他们表现最为明显的就是焦虑与担心。会担心，是因为他们认为一旦装修好之后，地板铺好、柜子装好、墙做好……所有生活功能定位好了，就再没有后悔的余地（做错了怎么办？花出去的钱追不回呀！）；会焦虑，是因为不知究竟要怎么做、怎么选，才能让这一场装修战役不失败。

真的可以完全相信设计师吗？还是有备无患自己先把功课一次做齐？来找我的屋主往往都做了功课，却还是会出现以下的场景：

拿一块喜爱的建材作为装修的讨论起点，希望用于未来的家中。

拿一张局部空间照片，想象自己的家也要这样。

希望家中柜子越多越好，同时也要风格独具！

诸如以上只着眼在一个片断物件、片断思考的需求讨论，就像是随意地抓住一块浮木，那不是真正能救你的东西，最后若真的完工了，恐怕也是一个看似什么都有，但住起来总觉得少了那关键一味的家。

我其实都会建议屋主，不如掉过头来，站得高一点儿来看看自己，看看这个家，彼此之间最紧密的联结是什么？家是用来生活的，希望在这个空间里达成什么目的、进行什么样的活动，才是对的开始。到那时，适当的建材会自然跳出来，最美好舒适的角落也会在过程中出现。

还有一件更重要的事，是如何替此刻的家、未来的家预留一个可以变换的可能。生命情境会改变，家人会成长衰老，房子当然也要跟着人生的时间轴线同步调整。

这些年来，经过大量空间设计的试验与系统化的实际操作，我发现“简装修”是良方。通过系统化的思考与操作，只要做一次基础打底，利用活动家具、家饰、系统柜等易调整、好变更的特点以及蛇打七寸的关键设计，就可使整个家呈现一体感、实用感，就连精致度都能完美掌握。

这样的概念，其实就是把家具、柜体当作可替换式的设备。

书中，我用多年来的经验替大家筛选出三种（北欧、轻美式、木质）最好用、最能满足不同年龄段、不同生命阶段生活需求的装修风格。有趣的是这三者虽风格各异，彼此却有着可以互通、共享的元素，日后若想改装，只需小小的动作就能享有大大的改变。

家是来服务你的，不是让你去迁就它的。因此，如何让家成为一起经历不同生命历程的伙伴，用最少的力气、最大的效果，打造一个现在住着舒服、未来也不厌倦的空间，在这里你可以轻易得到方法与答案。

Chapter 1

让家简单好住的
12个关键原则

RULE 01

放下风格剪贴簿！替家找到自己的样子

第一步，列出家的需求检视表

许多人在装修前会非常认真地做功课，从杂志、网络收集各种空间、风格、功能、造型的照片组合成一本风格剪贴簿，以为交给设计师，就能让设计师 100％理解自己想要的家的样子。殊不知，就如同将各国食材一股脑倒进锅里，却期望做出一盘美味料理，这样的空间，恐怕只是拼凑出来的房子，而不是自己的“家”。

放下风格剪贴簿，放下干扰，梳理自我需求，替家找到属于自己的样子是第一步！

在向外收集资料之前，我们可以这样向内探索：

1 活动区域　根据日常作息整理出自己的步调和习惯；

2 家人需求　除了自身的需求，也要照顾到全家人的兴趣与习惯，具体而有条理；

3 家中物件　家里是否有某一种物品数量较多、体型较大，需要特别增加空间收纳；

4 居住体验　像是旅行中的美好住宿经验，从实用设备到自在氛围都是参考；

5 儿时记忆　更往前追溯到儿时的居住环境，捕捉难以忘怀的空间记忆；

6 痛苦经验　先前的生活习惯，若曾因硬件不协调而造成痛苦磨合，可提出讨论。

此外，建议屋主在设想需求时可以分为两种层次：一种是当下的需求，一种是未来的需求。很多人都想要一个可以伴随成长的家，但家随着时间、成员的改变会需要改变，所以在设计之前就要考虑未来 5~10 年的需求变动，既符合现在，同时也预留了未来的空间，才能贴合每一人生阶段。

列出自己的生活状态，反向操作让设计师为我们归纳出答案，结果会更让人满意。

家的需求检视表

居住成员	使用状况	生活习惯	未来计划
人数＿＿＿＿＿＿ 成员＿＿＿＿＿＿ ＿＿＿＿＿＿ ＿＿＿＿＿＿	1. 在家时间? 2. 打扫人力? 3. 烹调方式? 4. 特殊需求?	1. 回家做的第一件事? 2. 最常待的空间? 3. 喜欢在家做的事? 4. 是否会在家工作?	1. 预计住多久? 2. 考虑生小孩? 3. 长辈会同住? 4. 打算养宠物?

RULE 02

三宅一生！你的家只需要这三种风格

亲子北欧、家庭轻美式、单身 vs. 熟年木质风

我们每个人的人生，一般都会经历这三种时期：单身新婚、生子育儿、熟年时代。

单身或新婚时，随心所欲，风格建立在自我喜好的基础上，这时期只要对自我有一定认识，选择的风格基本上能够合乎生活状态。但是，一旦有了孩子就不同了。

一般来说，喜欢简约木质治愈风的人，自律性都很高，维持居家的素净以及讲究美学协调并非难事。但往往这群人生了孩子后，会发现简单的木质风似乎不再那么适合，原因是儿童东西多，物品几乎都是色彩缤纷的可爱样式，不只与低彩度的清丽空间格格不入，也考验着父母的收拾效率，此时，随性的北欧风就是最适合的选择。

时间再往后走，等孩子成长到学龄时期，甚至自身的年纪逐渐增长，具有家庭凝聚感的轻美式，以及沉稳宁静的木质风，则正好呼应人生时间轴上的不同需求。

因此，木质、北欧、轻美式这三种风格，可说是相当符合现代人生活模式的居家选择，此三者都建立在简单的装修基础上，造型不复杂，好维护。此外，这三种风格之间有不少共同元素，彼此间融合度较高，在空间转换的同时不必全部打掉重装，只需要将局部软装、设备家具做替换，即可随着不同人生周期转换合适的居家风格。

三种风格 vs. 适合群体

群体	风格	群体特质	收纳特性
单身新婚 & 熟年家庭	治愈木质风	自律性高，对居家整洁度要求高	隐收纳
学龄前家庭	随性北欧风	童心未泯、喜爱新奇玩意儿， 追求随性自在	开放收纳
学龄家庭	简约轻美式	看重家的温馨感，在乎家人间的情感交流	家具收纳

单身新婚 & 熟年家庭

温润的木材质、简约的清爽感，能够治愈人的内心，不复杂的设计能够触碰想要的安静内心。适合自律性高的人，他们对物品收纳有自己的一套原则，喜欢整洁干净的居住环境，崇尚无印良品“无设计的设计”理念，这样的人，很适合画面讲求干净的木质风。

学龄前家庭 × 随性北欧风

主张自在随性的精神，充斥新奇有趣的设计，北欧设计色彩缤纷，家具家饰多是圆弧形，圆角的设计相对安全，能丰富孩子的想象力，适合有幼儿的家庭；风格中随意摆放的特性也刚好适应小朋友乱丢乱放的特点。

学龄家庭 × 简约轻美式

美式风格的温馨感，象征对家的渴望，重视情感交流与家人的互动，适合情感亲密的一家人，一起窝在客厅、腻在厨房做料理，甚至在不同空间各做各的事情。

三种风格，收纳法大不同！

隐收纳、开放收纳、美式收纳，对号入座省烦恼

想要维持家的风格与美感，好好收纳是第一步。想想要是物品总是无法归于原位，家里常常乱成一团，再棒的风格也会被破坏。

收纳的黄金法则就是舍弃、分类与归位。舍弃是为了精简生活，分类是为了好归位，从而才会养成收纳的习惯。所以在“怎么归位”阶段，我通常会帮助客户了解自己的收纳性格，这样有利于选择适合自己的风格。

除了依据人生阶段选择风格，“自己的收纳习惯”也是选择的参考值。一个没有物归原位习惯的人，要他住在讲求干净的木质风空间可能会很痛苦；相对地，他若是生活在随性的北欧空间，也许就自在多了。

三种风格分别对应不同的收纳方式。追求素净美感的木质风适合“隐收纳”，所谓“隐”即“藏”，利用壁柜的收纳方式，把杂物藏起来，让空间看上去干干净净，表现木质风的洁净。不必太讲究摆放规矩的“开放式收纳”，跟追求欢乐的北欧风一拍即合。北欧风的摆件道具新奇有趣，适合通过陈列的方式展现，但不是像艺术品展馆似的精致陈列，而是融入生活意志的随意摆放，从中呈现个人品位以及家的氛围。至于轻美式风格，则是利用美式容器与家具来完成收纳，使用收纳家具如餐柜、五斗柜、矮柜达到置物的功能，或是使用藤篮、铁篮等容器装载物品，同时兼顾风格美感。

三大风格比一比

风格	收纳特性	收纳方式	收纳工具
治愈木质风	隐收纳	隐藏法则，物品不外露	有门的柜子
随性北欧风	开放式收纳	强调开放与外露，陈列式的收纳展现品位和喜好	挂杆、层板架、开放柜
简约轻美式	美式收纳	利用好看的容器或家具，兼顾收纳和风格	活动家具、藤篮、托盘、收纳盒

开放收纳

开放式的层板、书架是表现主人品位与爱好的最佳收纳方式。层板与家具的线条以简单为主，靠的是展示物件本身的色彩与线条，展现欢乐感。

隐收纳

木质风适用无杂物的收纳风格，杂物隐在门后，不只是要做出有门的柜子，也要降低柜体的存在感，才能达到干净舒适的视觉效果。

美式收纳

轻美式因为简化装饰物件，特别建议使用风格家具如餐柜呈现美式质感，将生活印记变成摆饰，既表现风格也兼顾了收纳。

RULE 04

格局做得好，天天好心情！

善用平面配置图，演练一天生活

平面配置是家的生活脚本，设定必须事先思考生活的中心，理性务实地去思索每一个生活场景，跳脱客厅、餐厅、厨房、书房、卧室等每个家都有的常态配置，找出专属自己或全家的生活中心点，以此发展出的格局才能量身定制。简单地说，思考来源就是“你想要 & 需要什么样的生活”，必须先了解自我需求，通过检视自己的生活，从生活细节归纳出自己的步调和习惯。

检视三步骤：

Step1　个人生活信仰与习惯

对什么东西有着无法妥协的执着；喜欢在家做什么事情；待在家里的时间有多长；最常使用的空间；烹饪的习惯。

Step2　活动区域与作息流程

整理日常活动区域与流程，像是一日行程的模拟，小至起床活动区域、回家活动区域、料理区域，找出日常生活和空间的互动方式。

Step3　人生的未来规划

如果房子是买的，希望能住多久？打算长期持有还是有出售计划？考虑要小孩吗？希望有几个小孩？同时考虑市场性，这个家的格局普遍适用吗？以及未来的设想，留出可调整的弹性空间。

试着从这些问题找到自己对家的大致要求，并且进一步从生活细节归纳。将基本需求清楚地整理出来后，和设计师沟通就会事半功倍，住宅的格局功能也会更贴近自己的预期。提前考量是未雨绸缪，可以替未来避免掉许多麻烦，让家符合现在的生活，同时也串联起未来人生。当生活状态具体了，家的雏形也就出来了，而设计师的任务就是沿着这些生活线索，画出家的样貌。

和女儿当邻居，妈妈一个人的家

女儿和妈妈分别住在 8 楼与 10 楼。8 楼是专为妈妈量身定制的独居格局。有宗教信仰的妈妈，将静坐礼佛空间设置在靠阳台采光最好的地方。此外，妈妈家也是和女儿一起煮饭用餐的主要空间，完整的厨房跟大餐桌，平常也供妈妈抄经用。房间只保留一套大主卧，包含大更衣室与私人卫浴，完全定制化的生活格局。

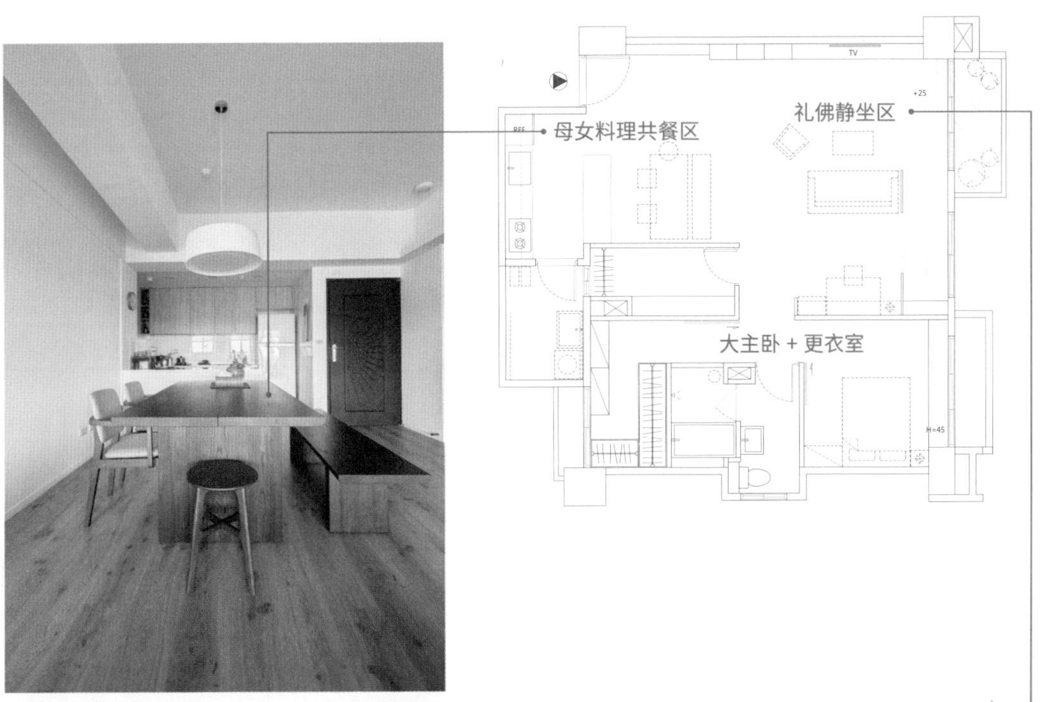

换风格！只需"简"装修，不必重装修

快速变装不二之选，设计只做天、地、壁！

归纳多年的设计经验，无论是木质、北欧，还是轻美式这三种风格，其实都可以采用以下的天、地、壁设计：

天 白色天花板

地 超耐磨木地板

壁 大地色系的墙面

经多次验证，用这三种元素打造出来的风格稳定度最高，也最为耐看，包容性非常高。这三种风格都建立在相同的基础背景上，只要撤换家具与配件，改变墙面的漆色，就能快速变换风格，缩短装修时间，花费也不多，彻底打破以往转换风格的复杂度。

设计是用来修饰房子的缺陷而不是追求造型的表现。许多人认为造型多设计繁复才是装修，但设计不是越多越好。只要在天、地、壁做简单设计：舍弃造型天花板，只针对管线设备简单包覆；换上超耐磨木地板，保有家的基本温度；墙面省略装饰性建材，只用色漆、壁纸，回归最单纯的背景。

过去许多固定装修常常给生活带来限制，像是餐桌被天花板造型制约，无法任意将圆桌换成方桌；固定的床头柜让床位动弹不得，床头不能转向也无法把床靠墙……不如省略这些装饰性建材，让家保有更多弹性。

舍弃造型天花板，只针对管线设备简单包覆，干净的天花板耐看度最高，也不会局限每个区域的设定。

超耐磨木地板是我最常使用的建材，好清理，耐刮磨，生活中不必小心翼翼，而且木头材质保有家的基本温度。墙面不一定要做造型，省略主墙造型的枷锁，简化装饰性建材让墙面统一，未来还可直接换色改变家的氛围。

明厅暗房，围绕同一色系

主轴低彩度十一个主色系，最适合住家空间

房子要耐住，色彩绝对不要太强烈。人长时间停留的地方最重要的是舒适，低彩度的空间能够使人安定，与缤纷用色相比，低彩度是相对让人平静的色彩计划，不会有太多鲜艳明亮的颜色挑动思绪，也不会有太强烈的颜色干扰视觉休息。不同的颜色会引起不同的情绪反应，红色让人激昂热情，蓝色使人沉静思考，绿色带来心情放松……但色彩太过繁乱的空间只会让人想逃离。

“低彩度”不是“不用色”，完全亮白的空间也会显得太过呆板，而是要降低色彩的亮度、明度与饱和度，适度加入白色、灰色去调和，并且坚守“一个家一个色系”的原则，每个空间从建材用色到家具物件的配色，都要围绕着主色系，用相近色与深浅色彼此协调，让整体空间呈现一致的色调。

主色系以最能让你感到舒服的色系为主，不一定要单一颜色，但颜色必须单纯，彼此差异不要太大，避免制造冲突色块；色彩也不要太多，否则容易凌乱。

当房子的采光不足或者面积很小时，使用明亮柔和的颜色可以带给空间清亮的感受并能有效放大空间，但不建议使用白色，会太过单调，而是要使用雾白色、浅苹果绿或者浅灰色，家的基底带有浅浅的色彩，制造有温度的幸福感。

风格与配色

风格	色彩搭配	效果
北欧风	蓝色当主色调，加入不同深浅的蓝色，点缀黄色、橘色	缤纷欢乐
轻美式	奶茶色、木头色、杏色，搭配低彩度的灰色、蓝色	典雅中性
木质风	大地色系的木头色与雾白色、米白色	舒适耐看

换色搭配，选择相近色彩

选一个能让你舒心的主色系，作为配色主轴。深浅色的配置是最安全的做法，例如杏棕色的空间摆入一张灰蓝色的沙发，这种浅蓝且带有中性的灰色，一样有着大地色的基因，彼此兼容共存。

明厅暗房，卧室延续公共空间的颜色

整套屋子使用同一个颜色，具有一致性的空间才不会显得凌乱，尤其房间不跳色也不换色，而是延续公共空间的色彩。如果遇上采光明亮的房间会在同色系中降低明度，就使用暗色做主墙。

家具装修时代来临，空间百搭是关键

柜体边几实用性高，桌椅风格聚焦

家具是家中最重要的组成部分，分布最广也最具实用价值，用与不用时，我们的视线都为其停留，是打造风格的主角。住一辈子的家重点是“弹性”，减少固定装修、减去动不了的部分，风格表现更要秉持弹性原则，家具的存在正好可以满足以上需求。

家的风格用家具家饰来表现，可适应人生不同时期的不同需求，随着每一个阶段的喜好去调整；如果固定的物件太多（例如木制收纳柜、电视墙、造型天花板等），会影响之后变动的灵活性。

活动性高的家具如餐柜、矮柜、边几适用性强，在客厅、餐厅、卧室都有可能用到，移到不同场所皆能更换新的使用方式，选择不同造型可轻易表现风格，体积不大又好淘汰更换。沙发、餐桌等大型家具最能聚焦风格，却也不宜太过凸显，一张百搭款、低彩度的布艺沙发和原木餐桌可以跟不同风格和谐共处。

建议不要过度装修，把省下来的工料钱用在家具设备上，不但能越住越舒服，将来搬家换屋那些生活质量的投资通通带得走，一点儿都不浪费。不妨把钱用来提升生活质量，要住得舒服不是装潢得多精细，关键是有好用的设备和家具。

值得投资的家具设备

家具设备	优点
沙发	不易变形、好整理又耐用
实木家具	比起贴皮家具更有质感、使用年限也较长
冷气	没有噪声、安静凉爽
净水设备	让家人用水更安心
全热交换器	可隔绝噪声、不用开窗就有新鲜空气
加热毛巾架	可以在冬天包裹热毛巾，是很舒服的生活享受

造型简单的布艺沙发，适用美式、木质、北欧三种风格，未来要再更新调整一样好用。

生活道具，就是最好的家饰

必备物件：灯具、餐具、织品、小家电

有些人的装饰习惯是旅行出游时买纪念品回家摆放，或是花大钱购买珍藏品并规划一玻璃柜专门展示，却忽略了那些来自不同国家不同文化的纪念品，彼此间并不协调，太多不一致的摆件放在一起反而让家杂乱了起来，而如雕塑、石头这样的奇珍异品也跟家的风格完全不搭。这种“装饰品是装饰品、生活用品是生活用品”的观念，会让家里的东西越来越多，只能看不能用的、实用而不好看的、用不着丢了又可惜的……全都成了简单生活的阻碍。

将生活用品当作家饰品，是个很棒的方法：日用品如餐具杯盘、水果盘、面纸盒，织品如寝具、抱枕、盖毯等；每个家都不能少的灯具如吊灯、台灯、落地灯，也是形成风格的饰品。这些平凡无奇的日用品若能花一些钱升级为风格品，花点儿心思搭配各个品项，便能将生活里的器皿变成装饰组件，既是风格摆件又能使用，替家中省下多余物品，同时制造风格，生活中的美感也能随处可见。唯一一项非使用性的装饰物品就是画作，画作可以提升空间的文化气质，让墙面装饰变得单纯且聚焦。

挑选生活道具除了讲究美感也需考虑整体性，选物原则以无造型、无色彩为主，高质感优先，产品个性不要太强烈，减少视觉冲突，才能适用于不同风格。例如灰蓝色、纯白色系的小型家电，杯盘餐具可选择白色瓷器或是木制品，如托盘、木盒、木碗等。

日用升级家饰品小贴示！

1 卫生纸 各种颜色的抽取式卫生纸放在面纸盒里，可减少塑料包装的突兀。

2 清洁剂 包装不好看的洗洁精，买回后倒入另外购买的按压罐中。

3 瓶装水 买回来的矿泉水，拆除纸箱后一瓶瓶装在木箱里。

1

1

2

3

3

1 餐具与托盘是餐桌上最好也最实用的装饰。
2 具设计感或复古感的小家电，可提升空间质地。
3 选择颜值高的生活容器，将物件好好收纳。

家中用暖白灯光，住起来最舒服！

低彩度＋暖白光 vs. 白色系＋黄光

灯泡的色温可简单分成三种：昼白光、暖白光、黄光。

一般家中讲求明亮使用昼白光居多，而黄光气氛好，注重环境氛围的咖啡馆多使用黄光，住家空间也跟进了，只是黄光的使用需注意色温、瓦数等数值，并且伴随空间的用色，拿捏不好有时会显得昏暗。当家中色彩以白色为基调，搭配黄光能让家更有温度；若是墙面已使用色彩，黄光可能会让空间过于昏暗。

但不同色温的光也不建议分区使用，例如客厅、餐厅使用黄光营造气氛，浴室、厨房、卧室用昼白光；光的颜色跟墙面色彩一样，不同的光色会导致空间凌乱。建议统一空间的色调颜色，保持家的整体性。

暖白光最适合居住空间，不像昼白光冰冷，也具有黄光的温度。人居住的空间还是需要一定的亮度，才能有精神做事，不至于像在咖啡馆般慵懒。前提是空间要有点儿色彩，如低彩度的空间底色；因为暖白光对白色系空间而言仍然太白，白墙为主的空间适合黄光，色调均衡显得较为温馨。

灯光色温这样用

色光	黄光	暖白光	昼白光
白色系住家空间	√		
低彩度住家空间		√	
办公室		√	
大卖场			√

墙面有色彩的空间，介于黄光与昼白光之间的暖白光能让空间更有精神。

柜子轻量化！别让家又重又挤

1/3、2/3法则 vs. 20～40cm悬吊橱柜

居家收纳少不了柜体，但大型的柜子常常会压缩空间，让屋子变小变挤。一个柜子如何分割、划分外露和隐藏的比例，是橱柜设计的学问之一。

首先，把握 1/3 开放、2/3 隐藏的实用比例，同一组橱柜 2/3 使用门隐藏柜内物件，1/3 则开放展示具有特色的用品，虽然体积不变，却有着视线的深浅变化。此外，开放橱柜可以利用收纳单品如藤篮、布筐来增加收纳的多元性。

除了避免整件封闭的柜体设计，将柜体抬高约 20cm 也是加分手法，让柜体跟地面脱开，在下方装设间接灯光，这个离地的设计加上灯光效果，可以让整个柜子变轻盈。

离地 20cm 是扫地机器人可以进去的高度，一来清扫容易，下方的空间也有更多用处，例如放置拖鞋。至于美式、北欧风格的柜子可以拉高至 35~40cm，在下方放置木箱以强化风格感，木箱可用来收纳靴子、溜冰鞋、玩沙工具等外出用具。

“不落地”以及“开放－隐藏交替”的柜体设计，掌握好比例能使柜体具有层次、变得轻盈，提高柜体间的联动性，整个空间也更加立体。

电视柜 1/3 开放，2/3 隐藏柜门，加上悬吊设计，收物与打扫都十分便利。

玄关柜、衣帽柜将柜体抬高，可让整体变轻盈，玄关柜下方可放置拖鞋。

RULE 11

少施工省成本！微调装修很好用

板材挑高 vs. 滑推门覆盖，门不用拆！

轻装修的原则是能不破坏就不破坏，尽力保留原来的结构，在既有结构外做微调修饰或是加设现成的规格品取代重新定制。一般柜门的标准高度是215cm，然而现在新盖的房子会保留一定的屋高，通常梁下可达 260cm，天花板跟门框的高度落差太多，制式门相对显得矮小。面对这样的情况，费工的做法是将预留的门框拆除，重新定做门。

其实有简单的做法，不需要破坏原本墙面，只需在门框上方加一块板材，喷上和门一样的色漆，用视觉的延伸方式达到门被拉高的效果。也可以保留原门，在外层加设滑推门，使其与天花板一样高，同样可以在不敲打又能统整视觉高度的基础上整合墙面、柜体与门，并减少开口与门对空间造成分割。

另外，多利用既成品及设备也有助于减少过度装修。例如，在高处的层板、高柜使用梯架，窗帘用艺术杆取代窗帘盒，鞋柜使用旋转收纳架……都可以减少全新打造的工料成本。

做法 1　门扇挑高法

在门框上方加装板材，喷上与门一样的色漆，自然会产生一体成型的视觉效果。

做法 2　门墙一体法

滑推门是很好的暗门设计，可制造完整的电视墙，同时隐藏入口，避免墙面被浴室门分割而显零碎。

做法 3　一门二用法

用一扇滑推门整合厨房开口跟旁边的收纳柜，让立面的视觉更完整。

RULE 12

儿童房设计，不必一次到位

预留书桌空间，床柜合一先设计

小孩成长快速，每一时期的卧室都有阶段性的任务：幼儿阶段以玩具游戏为主，到了学龄期要有书桌写作业，再大一点儿需要空间学习才艺……配合孩子的成长，儿童房的设计不能一次到位，而是要保留未来调整的弹性，才能够适合任何年龄段。

基本上儿童房的面积不大，在约 7㎡ 的空间要挤下床、衣柜、收纳柜和书桌，第一时间将这些功能做齐反而使空间过于拥挤；若只是根据现况添购设备，恐怕日后又要再花心力做局部装修。

可先做一块桌板替未来的书桌定位，在孩子需要使用桌子之前，桌板下方可放置矮柜做收纳，依照不同阶段填充不同样子的收纳柜：幼儿时期以玩具箱为主；上了小学可改放小型抽屉柜，收纳文具物件。不论之后要购入现成书桌还是直接使用桌板，预留出书桌尺度就能将改动最小化。

另外，在一开始就做好标准尺寸的单人床，床下方结合收纳抽屉。若房间的宽度足够，可在床尾底端设计衣柜，节省独立衣柜的空间。

儿童房规划表

阶段	收纳需求	空间弹性利用
幼儿期	玩具、游戏物品	先做一块桌板替未来的书桌定位，下方放置玩具箱
学龄期	书桌写作业	桌板下放小型抽屉柜，收纳文具物件
青年期	学习才艺、个人兴趣	配合需求，换放不同样子的收纳柜

桌板 + 床头柜

桌板与矮柜深度皆不超过 60cm，预留的功能与尺寸皆具有高度弹性。

衣柜 + 床头柜

床尾端的衣柜跟床架同高，下方空间可做抽屉或是镂空放置收纳箱。

Chapter 2

宅即变！
7～10天翻新你的人生、你的家

大叔人生回春术，邋遢屋变旺宅

第一次进到大叔家，让人联想到窝藏通缉犯的住处，走完一圈发现屋子的空间条件很好，格局方正采光佳，乱象的根本不是因为空间“不好用”，而是“不会用”，也从乱象中找到了大叔的生活乱源：书、衣物和猫。

家中的空地被一个个纸箱占据，纸箱是这个家的临时战友，立起来就可充当茶几，也是堆放物品的容物，洗衣机的大纸箱当作脏衣柜，待洗的丢箱中，还可再穿的挂纸箱边缘……；平时不开火，餐厅变成置物区，公共空间竟然变成储藏室。加上习惯是一回家就更换衣物，却因房间衣柜不够而转移到餐厅，但餐厅与洗衣的后阳台距离遥远，造成衣物堆积成山的盛况。

原来这些乱源的根本，是因为空间功能不符合他的生活习惯，以及家中的收纳柜严重不足。

直到有一天，家里天花板的嵌灯坏了，怎么修都亮不起来，大叔的身体也越来越不好，这才点燃他改变的决心——或许是时候该重新整顿自己的窝，也顺便整理生活习惯，同时吸引未来的女主人。于是，大叔要求设计师要利用他出差不在家的那10天改造完工……

住宅： 电梯大楼
面积： 82m²
家庭成员： 1人1猫
空间配置： 一厅一厨、主卧、客房、更衣室、后阳台
使用建材： 超耐磨地板、系统家具、浴室雾面砖

空间诊断

烦

1 **衣柜没功用**　全靠一个大纸箱，待洗的丢里面，可再穿的挂在箱子外缘。

2 **书柜配置不足**　成堆的书不是一摞摞堆起，就是装在箱子里。

3 **无法正面看电视**　电视放沙发左侧，正前方却拿来堆物。

解

1 **厨房变更衣室**　利用开放式层柜与吊杆，完成 $6.6m^2$ 衣服独立收纳区。

2 **书柜重整**　分别在客厅与卧室放置一个，养成物品归位的习惯。

3 **重整电视位置**　将电视与书柜整合在同一墙面，加入矮柜兼具收纳和座位功能。

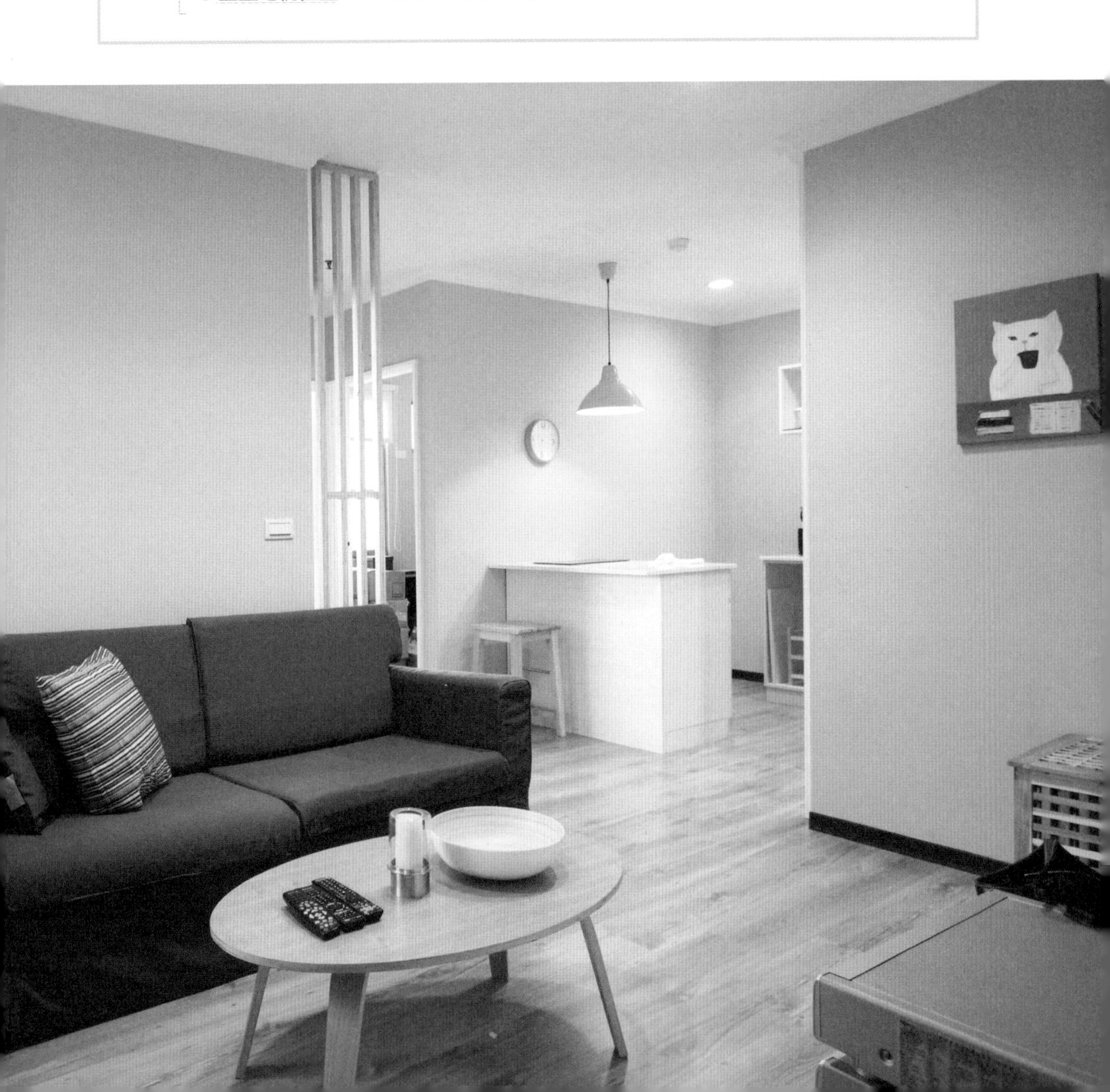

只有10天改头换面，拼了！

我们只有10天的装修时间！趁着屋主出差期间要完成所有的装修工作，家具家电几乎全都换新，只带走生活用品和衣物，在完全空屋的情况下，地面、墙壁重新处理，调整格局以及新增衣柜、书柜等收纳设施，省略装饰性，只做功能型设计。

Before

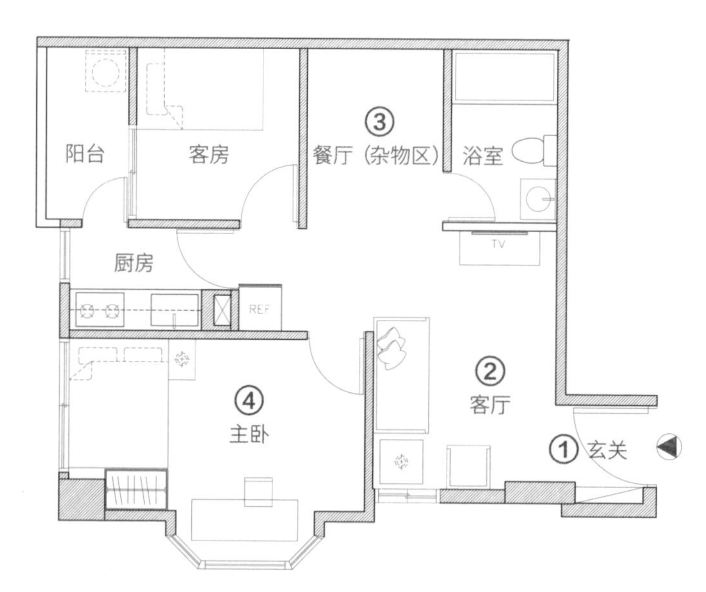

①**玄关** 因没有良好的收纳规划，纸箱和物件都堆放在入口处。大单椅也挡在入口过道处。
②**客厅** 破损的大沙发，茶几用纸箱倒扣替代，远处可见杂物成堆。
③**杂物区** 年久未用的餐厅，现在已经成为置物区。
④**主卧** 阳光充足空间大，工作桌跟书堆成为一进门的乱源。

START

前期作业

实地走访现场察看，从玄关开始，观察空间的使用轨迹。

STEP 1

诊断与洽谈

了解大叔过去使用空间的习惯后，主要的乱源来自：

1 柜体不好用，无处可放脏衣物、书。

2 原有空间规划不符合生活习惯。

3 忙碌，没有太多时间整理。

丈量＋定制系统柜＆挑家具

在动工前量，最少要 7 个工作日才能做好，这次装修时间含假日只有 10 天，因此在开工前先定制，家具也是先挑选好。

清空房子

请屋主把有用、要用的东西打包装箱后寄存，接着清运废弃物包括家具家用品，共丢掉两车。

调整厨房浴室水电

花了三天重设浴室厨房的水电，包括更换管线，因厨房外移需要增设管线以及拆除浴缸、浴室重新贴砖及做防水。

木工进场

用一天修补天花板上的嵌灯洞孔＋做浴室门。

油漆进场

重新粉刷天花板及墙壁的颜色。

铺木地板＋装灯

第七天地板进来组装，一天完成。当天同时装灯。

清洁＋家具进场

清理现场环境，而家具在动工前已挑好。

救空间，厨房外移和更衣室进驻

每个人都有无法改变的习性，当习惯与空间使用冲突，生活乱象便难以避免。因此，首先通过格局调整来化解乱源的症结点。

大叔的厨房只是烧开水和偶尔煮火锅用，因此将原有一字形厨房外移至餐厅空间，设计成开放式厨房加上用餐吧台，提供基本餐厨功能。

原来的厨房，同时可通往后阳台，我们决定将此地规划成更衣室，其中有两点考虑：一是离洗衣后阳台最近，提高洗衣、收衣的整理效率；二是照顾大叔的随意性格，即使不会收拾衣物，关上门就能维持大部分空间的整齐，猫咪也不会进去捣乱。至于浴室，确认了大叔并没有泡澡的习惯，在拆除浴缸的同时一并更新浴室的壁砖以及重做防水，放大空间也创造出符合身高与宽度的淋浴区。

客厅撤掉一张单人沙发，修正之前电视与沙发成 90 度角的奇怪位置，让大叔终于可以正常看电视，加上开放式书柜可以展现大叔的珍藏书册。客厅，开始有了主人想要的样子。

After

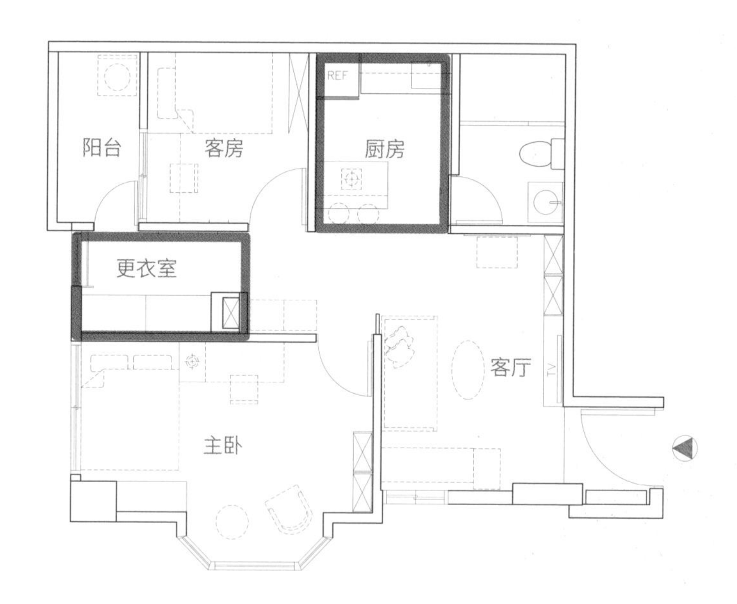

1 客厅的大书柜解决书籍乱堆的问题，而家具采购考虑有调皮小孩到访，选择平价品牌，价格亲切又有型。
2 开放式厨房带给一个单身男子的家更多可能。
3 浴室邻近厨房，使用镜面做门降低突兀感，有暗门的功能。
4 没有使用浴缸的习惯，拆除浴缸后换成干湿分离，反而更贴近大叔的生活习惯；对一个大男人而言，维护起来也更加轻松。

因为懒，更要简化收纳设计

空间功能配置要符合生活习惯。

考虑大叔有不叠衣服的习惯，有门的衣柜只会增加他懒得收拾的可能性，因此更衣室只用吊杆、活动式抽屉柜和挂钩。左侧规划吊杆和活动抽屉柜及箱盒，吊挂干净的衣服跟收纳小件衣物及私人物品；右侧墙面的挂钩则是挂待洗的脏衣服，累积到一定的量再一次抱到后阳台，丢进洗衣机也只有五步的距离。

说个秘密，简化复杂度可以增加男性做家务的动力。另外，用系统柜做了两个开放式书柜，一个在客厅，利用最大的面宽整合电视柜与书柜，让空间比例更为完整，同时具有展示功能，也方便在客厅阅读取用；另一个安排在卧室飘窗旁，连同窗前的单椅，打造一个伴有阳光与窗景的阅读区。

家的环境变好，大叔也爱上生活

住进改造后的新家，大叔开始享受居家生活。在客厅休息、阅读的时间变多了，买回来的书在客厅拆箱后也直接放进书柜了，甚至多了一个阳光阅读区。本来厨房不在生活轴线，下厨从来就不会是生活的选项之一，但现在厨房成为主要的生活区域之一，大叔也开始有了做饭的念头，最初只配一把吧台椅，后来竟主动要求要多加一把……甚至从未让朋友造访的他，也办了场小聚会，邀请同事朋友参观和小聚。

大叔的家终于开始有人走动了，他也因为家里环境的改变，开始调整自己的生活步调，对“待在家”有了不一样的期盼。这个案例的设计主轴在于如何让空间配合他的生活。好用好住的家，维护工作会更轻松自在；有了维护的基本意愿，家才会持续舒适，进而让人慢慢调整自己的生活。

5 书桌原本放在飘窗位置，将乱源之一的书桌移到大门旁，避开一进房门就看到乱源，也把最舒适的位置留给阅读。

6 在主卧替爱看书的大叔设计一处阅读角落，解决书册收纳的同时创造有品位的生活空间。

大复活！
被主人住坏了的好屋

拥有方正格局外加河景的房子，却被住坏了！病症是东西只进不出＋宠物狗当家，杂物占据客厅，加上贴着木皮材质和传统把手的柜子，空间被一个个柜子给吃掉了。

这是我和女屋主第二次接洽。当年买房时屋况不错，只请我们出了平面图，其他包括收纳柜、儿童房的书柜床架都是自己请系统柜厂商制作，当时使用大量的耐脏黄棕色木皮、苹果绿的墙面又配上黑色家具，整体空间用色太深太重，甚至有点儿突兀，耐看度当然有限。时至今日，这些装修开始出现过时感。

不过触发这次改造的主因不是旧装修，而是生活空间已经被宠物狗与失控杂物挤压得无法喘息。女主人是冲动型购物的人，以至于家里东西越来越多，物品新增的密集度太高，大过女主人收拾整理的速度，加上平时工作忙碌，堆积如山的物品已到了不知从何开始收拾的地步。无力感成了收纳整顿的最大阻力。

这 10 年间，不止物品不断增加，成员也新增了一位，从一家三口变成两大一小加宠物狗的组合，只是因为一开始没有预先规划，生活空间也就处处以宠物为中心，导致狗笼、门挡占地为王，人狗争道的混乱状态。

住宅：电梯大楼
面积：82m²
家庭成员：3 人 1 狗
空间配置：玄关、客厅、餐厅、厨房、书房、主卧、儿童房、卫浴、后阳台
使用建材：超耐磨木地板、系统柜、人造石台面

空间诊断

1 **家具不成套** 采购时单件思考，缺乏整体搭配性。
2 **东西只进不出** 一直买 + 收纳方式没有做好分类管理。
3 **狗狗居无定所** 狗笼随意放客厅，占据人活动的空间。
4 **后阳台沦陷** 原来的洗衣间后阳台变杂物区。

1 **家具系列化** 换家具，更换空间色彩，包括门、墙面、家具。
2 **舍弃归位** 趁此次整修，清除长久不用的杂物，把东西归位。
3 **让出洗衣机位置** 将浴室的洗衣机位置变成狗狗的家。
4 **清空阳台** 清理杂物之后，清楚规划成洗衣区。

只有7天换装重出，拼了！

为不打扰屋主生活，只能用 7 天时间来整修，格局没有太多变动，仅局部微调，新增柜子和收纳架，更换门扇以及墙面颜色，协同屋主最重要的功课——舍，一同整顿配色失衡、杂物过多的空间。

Before

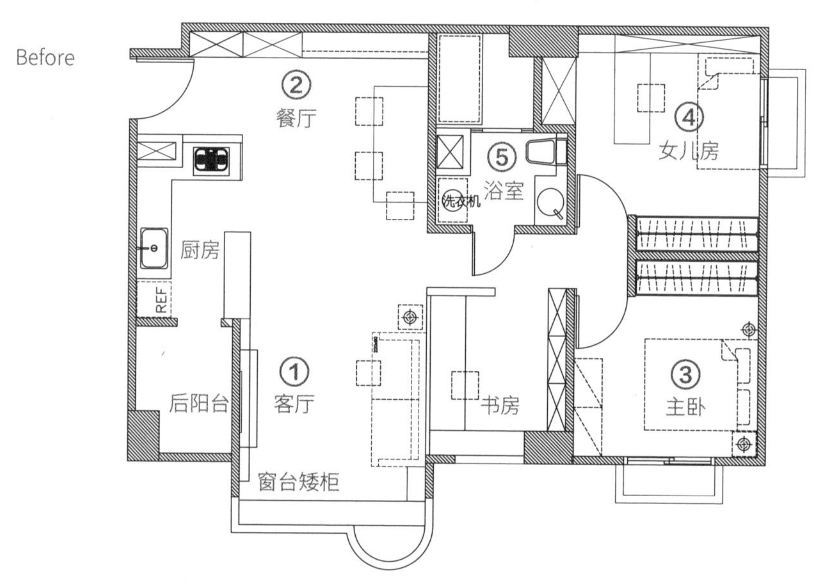

1 客厅 窗边矮柜上堆满物品，狗笼围栏都摆在客厅。
2 餐厅 半高餐柜不敷使用，物品占据台面且堆到餐桌后方。
3 卧室 褐橘色珠光壁纸与桃红色床头板的搭配突兀且老气。
4 女儿房 书柜、床架已不敷使用，柜子也不符合使用习惯。
5 浴室 洗衣机占据浴室，使走道变得拥挤。

前期作业

实地考察并了解屋主一家人的生活习惯与个性。

诊断与洽谈

乱源：清理的速度赶不上购买的速度。
此阶段主要沟通购物习惯以及收纳方式，并讨论各区域柜子的收纳用途。

丈量＋定制系统柜＆挑家具

请系统柜厂商先丈量要换的门的尺寸。

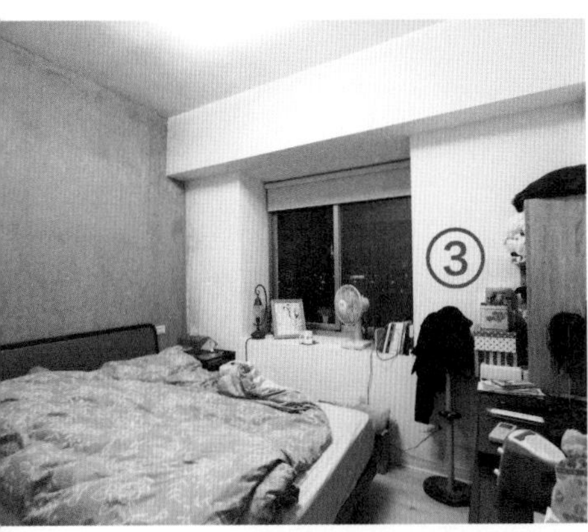

清空房子

两周清空房子，将家具送人，用不到的杂物丢掉，施工换门多少会产生尘屑，所以柜体内的物品仍打包暂时寄放仓库。

水电＋木工进场

第一天：拆除旧有灯具并增加插座与改灯具出线（更换主卧的吸顶灯、餐厅吊灯，同时新增走廊吸顶灯）；木工清除原有木地板，并新增浴室拉门。

油漆进场

第二、三天：重新粉刷天花板及墙壁的颜色，电视墙喷漆改色。

铺木地板

第四天：重新铺上木地板。

系统柜安装门＋装灯

第五天：原有柜体换上新门，灯具进场。

清洁＋家具进场

第六天：清理现场环境。
第七天：家具进场。

干净舒服的家＝好的风水

简单不仅仅是耐看，干净清爽的空间更能住得舒服。生活不该埋没在一大堆杂物里头，物品太多太乱的空间会造成拥挤。视觉的杂乱也会干扰心绪，静不下心也就无法好好休息。如此恶性循环，人与空间的气场也就越来越糟，还会把好运和财气都挡在门外。

这间屋子最大的工程除了收纳问题外，还有另一项亟待解决的难题：系统柜面料与墙面色彩以及其他家具之间缺乏整体感。房子的整体状况是好的，格局方正，采光通风良好，格局配置在第一次装修时已调整到位。于是我们用轻装修的方式进行改造，着重整体性的搭配，修整空间的色彩与新换柜体面板的和谐度，达到空间的协调美感。

虽然拆掉整排矮柜，但是收纳空间并没变小，临窗吧台和书桌下方都新增层板柜，电视墙加设抽屉柜，餐厅原本的矮柜换成上下柜，重要的是收纳柜的门全部替换成传统木皮样式，装上无把手门，面板选择素面石头灰与墙面雾白色搭配，保留厨房跟客厅之间的隔间矮柜，但是把黑镜换成茶镜，降低重色的压迫。

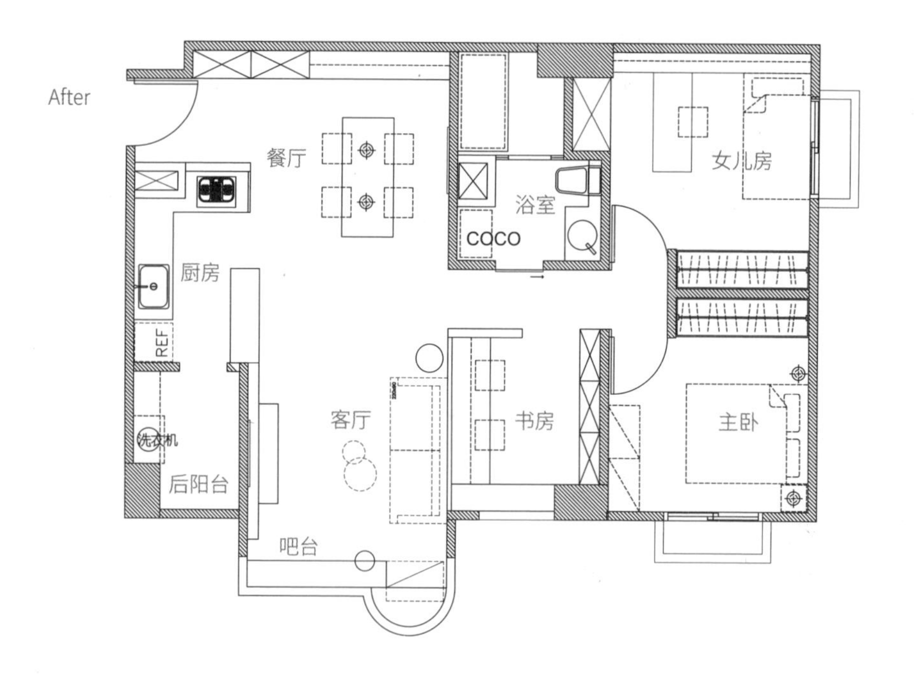

1 摆脱黑色家具，灰蓝色沙发让空间变得年轻。因为采光好，使用深木色餐桌来增加稳定感。
2 书桌下方增加一排收纳层板，也能当作书柜使用。
3 换上无把手门的书柜消减柜子的样貌，反倒像墙壁不像柜子了，石头灰的面板也更加耐看。

调和色系，凸显房子的河景优势

有了上一次装修只撑10年的经历，这次落实简约原则，并彻底做一次生活风格的改变——房子是用来住，不是拿来装东西的。窗前的矮柜虽然有收纳功能，但因为当初想做两层收纳抽屉导致高度过高，无法当作休息平台，慢慢变成置物平台，白白可惜了河景！所以将矮柜换成临窗吧台，这样才能常常享用这间屋子外的优美风景。

为了日后好保养，地板更换为超耐磨木地板，好抵御宠物的魔爪，并且把浴室里的洗衣机搬回后阳台，空出来的位置设置成狗狗的家，在狗笼上方增加吊柜，收纳备用品和宠物用品。至于卧室，延续公共空间的雾白色，把衣柜门换成洁白面板，让房间变得清爽许多。女儿房重新定做系统柜床组和书柜，床底座安有抽屉，柜子也做得高至天花板，简单的造型让柜子实现最大置物功能。此外，房间窗台新增人造石台面，让窗边置物平台更完整。

住进简约新居，控制物欲，讲究美学搭配

从杂乱屋蜕变为清爽的简约新居，这一家人最大的收获是养成物归原位的好习惯，家中不再有被杂物占据的平台，自然也就不会恣意堆放。清楚自己家的风格，学会在购物前思考搭配的可能，知道如何控制购物欲，东西也就不再只进不出了。另外也因为有了临窗吧台，这一家人更懂得享受生活，下班后夫妻俩会衬着夜景在此小酌，假日里此处也是女儿用电脑的好地方，生活多了情趣，家人在客厅活动的时间变多，感情也变好了。

4 女儿房的上下吊柜结合有门与开放式设计，搭配床底的抽屉，提供充足的收纳空间。单纯的色彩和矩形空间也更适合正值青春期的女孩。

5 一改先前高彩度的用色，雾白色的面漆搭配芥末绿的床头板，简单干净有质感，也最耐看。

6 撤掉洗衣机后的浴室不只变宽敞，狗狗也有了栖身之地；在上方新增吊柜，方便收放宠物用品。

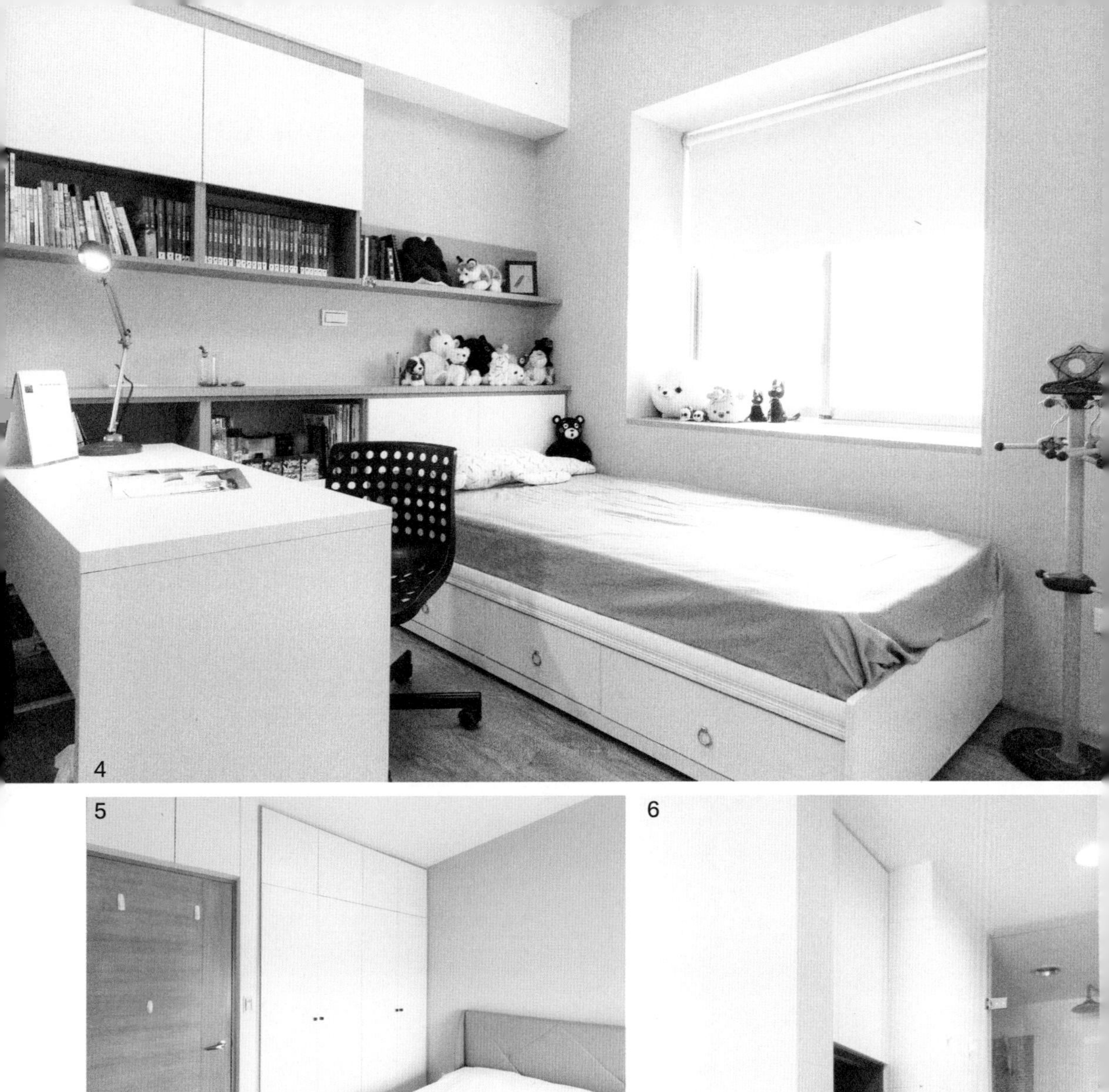
4

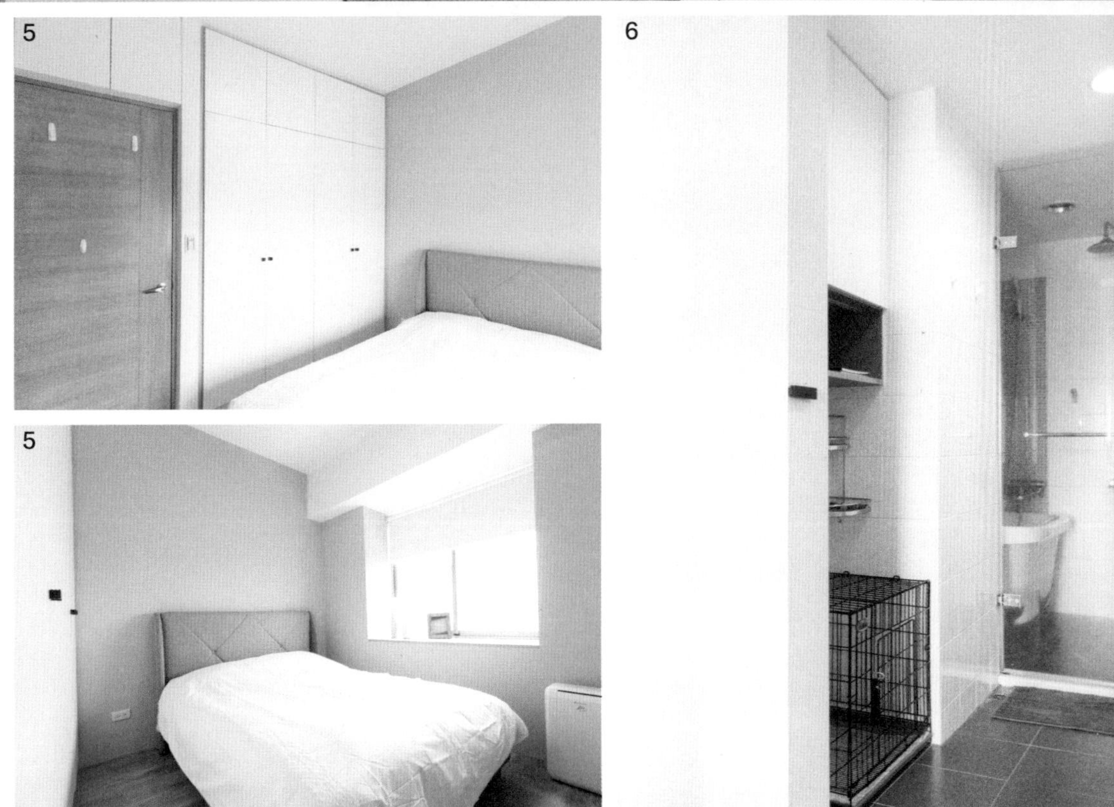
5

5

6

Chapter 3
跟着做！全龄居室不失败装修术

sense
sense

收纳这样做

裸收纳，随性开放强调美感搭配

不失败的北欧风格收纳公式：开放 ×（设计物件 + 系列化 + 协调色系）。简单来说，“开放式收纳”是北欧风的收纳精神，层板架、开放式格柜或是平台都是北欧风格家居里常用的收纳造型。这是因为，北欧风居家用品在设计、造型、色彩上充满童趣与缤纷感，相当适合展示。

有趣的是，喜欢北欧风的人通常也很随性不拘小节，取放物品不讲求规矩，认为随意放置就是一种生活方式，这也是收纳时适合开放性的原因。只是，面对一整个开放立面，如何摆放才不会凌乱失控呢？

北欧收纳强调展示，不能放任每一样摆件各自发展，同一个展示面上的物品要稍加控制。诀窍是“色系平衡”，整体空间撞色没关系，但在同一个视觉平面像是书柜立面或是层板平台，不能有太多冲突色彩，会容易造成视觉上的疲劳。

第二个技巧是“系列化”。同系列的器物、同材质的器皿，可以让开放式收纳的结果更为协调，例如白色系的杯盘、同款不同大小的玻璃罐，一个柜子里各式单品魅力不易聚焦，反倒是具有套组感的物件更能看见本质。

1

2

Plan 1 书收纳——层板展示、矮柜收藏

书收纳不一定要排排站，也可像杂志一样摆放，层架 + 矮柜兼顾实用与装饰，上方是正在阅读中的书，颜色可以放心跳色；下方则是收藏起来的书，可搭配有门的书柜。此做法也可换上照片成为照片墙。可应用在餐桌区、床头区、厕所墙，矮柜的台面、内柜可根据不同区域放置不同物件，例如餐厅可放食物、卫浴可放盥洗用品等。

Plan 2 杂货收纳——器皿系列化

利用收纳器具来达成展示收纳是另一方式，食材干粮收在玻璃储物罐里，直接让食材色彩点缀空间，茶叶、咖啡可选择珐琅器皿，餐巾纸、桌巾则可放置在篮子里。但要记得“器皿系列化”的法则，另外将材质相近、功能相近的物品集中放置，减少凌乱感。

3

3

Plan 3 玩具收纳——大型箱篮随手收纳

小孩的玩具可善用大型木箱、篮筐等本身已是设计品的物件来收，例如推车木箱跟储物茶几。绒毛娃娃等大型玩具也很适合收在镂空或可见的装置中，成为装饰的一种。儿童房适合壁挂式的收纳道具，如房子造型的壁挂木箱可收纳小公仔或汽车模型，单排书报架放床边读物，多彩的圆锥形挂钩不止能挂衣物书包，利用收纳袋还可放置零散小物。

家具家饰这样配

童心不泯！用家具家饰热闹创意

北欧风格强调自在随性的生活态度，流畅线条与优美的圆弧形可以让空间充满趣味性，家具设计在大胆用色的同时也具有纯粹的线条感，温润朴实的原木家具也能表现简约的纯粹。所以偏圆的沙发扶手、弧形的椅背、圆形或椭圆形的餐桌、圆柱形的桌脚椅脚等都是北欧家具的挑选法则。

家具选配上，多了许多活动型的小家具，像电视柜、茶几、床边柜、小椅凳等，这是为了呼应弹性至上的生活主张，高机动性的家具可以有更多的灵活应用，加上游戏感十足的可爱设计，很适合有小孩的家庭和童心未泯的大人们。

针对家中饰品，几何图案的活泼感、云朵气球造型的灯饰抱枕，或亮丽或粉嫩的用色，放在空间里怎么搭都和谐。

至于色彩的搭配与运用，我习惯用中性色打底，矿物色、大地色等中间色的使用比例高一些，强烈的颜色只会小面积使用，或者点状使用做点缀。至于喜爱色彩纯度高的人，选一个空间展现色彩就好，其他空间采取降色做法以及适度留白，清楚主角是谁会让整体空间更聚焦。

家具

Plan 1 沙发+茶几——

趣味几何造型 × 冷色系、中性色

优美弧形或是几何造型的沙发，可以凸显北欧风格的趣味性。另外沙发体积大，即使有颜色也要选冷色系或中性色，会更加耐看。茶几可以选择镂空圆柱体的储物茶几，上盖亦可置物，几何钢构造型具有透视感，一大一小的圆充满趣味；原木茶几也很合适，五颜六色、有些褪色的几何线条很有北欧质朴不造作的风采。

Plan 2 餐桌+餐椅——

弧形设计 vs. 不成套配对

圆弧餐桌安全设计适合亲子北欧风，也相当具有乐趣，无边角的造型和空间的契合度高。餐椅的搭配可以跳脱成套的原则，因为每一张餐椅设计都有型，即便是不同品牌款式混搭也不会觉得冲突，但建议不超过两个系列，也可以三张一样、一张跳款也跳色的。

Plan 3 移动式小家具——

圆形几何增加趣味性

北欧风注重弹性，活动家具使用量多，电视柜、矮柜、小餐车等都是常用的小家具，可以彼此混搭，例如床边柜放一个圆柱造型的边柜；鹿角造型的小凳子或是编织球状豆腐椅不仅可当脚凳，可爱造型也有治愈功能。

家饰

Plan 1 生活器具——可爱缤纷 vs. 个性低彩度

北欧风的生活器具可分为两派：可爱亮彩与个性内敛。图样可爱、色彩鲜艳的器皿可轻易渲染家的童趣与纯真，相对的也可使用彩度不高，例如灰蓝、暗粉红等中性色表现质感，器皿多半具有工业感和同构型，大小款式不一但属于同系列。

Plan 2 寝具——蓝黄花色＋几何图案带来好心情

建议寝具使用黄色和蓝色，这两种颜色可以创造雀跃与平静的心绪。也要重视床单的图样，常用画面感较强的花色，例如几何或条纹。北欧风格就是要通过色彩和图案让自己开心。

Plan 3 抱枕——配合沙发色调整彩度

雨滴圆点、北极熊、鹿头鹿角，或是几何造型、数字符号，都是北欧风格的经典图样，能够轻易表现北欧的欢乐。浅灰、粉红、浅蓝的抱枕，这三种颜色搭配灰色系或深蓝等冷色调的沙发非常协调。沙发跟抱枕的配色原则是：鲜艳的沙发放素色抱枕，同样可以是有趣的；若是沙发素色，抱枕的色彩度就需要拉高。

2

1

3

3

Plan **4** 灯具——

圆弧形 vs. 球体造型

北欧风格灯具很大比例是带有圆弧形与球体造型，以球状灯具而言，空间越大使用的球体越大，小空间多选择小型球体或是玻璃材质的太空球造型灯。也适合加入惊叹号、飘浮气球、探照灯、蝴蝶结等新奇造型。也可根据空间大小选用不同的数量，长型餐桌使用两盏吊灯，空间比例会更协调。

5

5

5

Plan 5 画作——涂鸦童趣、抽象画

童趣、抽象的画作适合当作北欧风的家居挂画，大型无框画放在客厅、餐厅。其他地方如卧室、过道的挂画适合有加框的小幅画，黑框或白框最能表现风格的简约，小孩涂鸦作品加上黑框或白框就会是家中很棒的装饰画。

厨房、浴室这样打造

白色、木色开放式厨房＋黑白经典卫浴

北欧风格的厨房里，白色橱柜为首选，门可选带点线板或立体压框的，亮面的烤漆门也能呼应北欧的简洁风格。若顾虑维护问题，上下橱柜做跳色也是一种做法。非黑即白的色系最常在北欧风卫浴空间出现，最经典也最不失败的方式，是以小块砖来打造北欧风卫浴，或是将白色地铁砖当作墙面的主要材质，地面使用深灰或黑的雾面砖；若喜欢有些变化，可局部使用花砖。

1

1

2

Plan **1** **厨房——主题式开放中岛＋木箱式收纳**

若有中岛吧台，也要结合部分展示功能，将局部设计为书架；或以原有的中岛柜，加长人造石长度，下方结合活动家具。此外，墙面可采用开放式层板，除了直接展示，也可利用木箱收纳杂物或食材。

Plan **2** **浴室——白色地铁砖 × 黑色雾面地砖**

黑色雾面砖的地板、白色地铁砖的墙壁，简单的材料手法就可打造出经典的北欧风格，记得黑与白不要交错拼贴，过度前卫反而背离了北欧的清新简约。若想在卫浴大胆用色，不妨选择天花板跳色。

CASE
01
随性北欧

北欧亲子度假屋，全家的云端乐园

挑高游乐区＋秋千椅，轻松收纳又有趣

以度假为主题的亲子宅，既然是度假，不妨跳脱常规，摆脱住家的正规模式。在这个空间里不存在制式的格局规划，每个角落的配置，都是以“好玩”“有趣”作为这个家的代名词!

首先登场的是天桥般的夹层游戏室，像是悬空飘浮在客餐厅的天顶之间，一进门就可看见!客厅鸟巢秋千椅，打破家具配置的常规，创造一种自由的氛围。茶几使用空心的铁艺造型，可当桌面也可置物，沙发旁的木制推车同样具有装饰与收纳功能，还可体现顺手收纳的高度自由。

类型： 大楼
面积： 59.4 m^2（实际面积）
格局： 客厅、餐厅、开放式厨房、阁楼游戏室、卧室、卫浴、阳台
建材： 栓木刷白木皮、自然灰橡木系统柜、超耐磨地板、白色铁件、清水模板

过道设置挑高空间，有效运用又无压

由于进门后的视线落在开放式客餐厅，挑高 3.6 米的楼高，一眼望去显得太过空旷单调，因此借用餐厨区跟客厅中间的天花板高度，在这过渡地带规划阁楼，一进门就可看到空桥设计，不必担心影响空间高度的舒适性，可以用来当储藏空间，也可以作为孩子的专属游戏天地。电视墙前方垂吊的一张鸟巢秋千椅，让人童心瞬间被激发，让客厅不只是看电视的地方，还是串联阁楼游戏室和餐厅及一家同乐的大型游乐场。

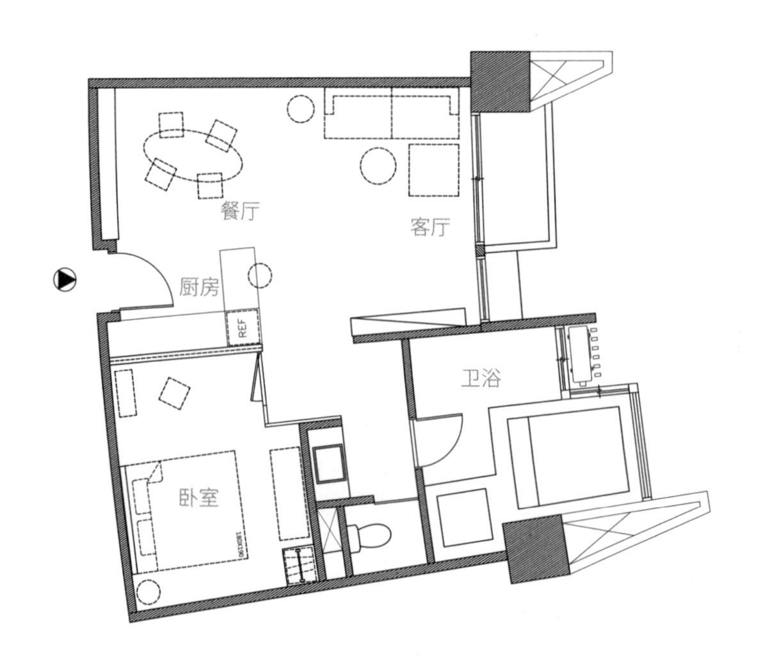

全室风格规划重点

收纳： 独立游戏室阻止玩具到处散落

家具： 不同组餐椅＋收纳篮茶几

色彩： 灰＋蓝，高度包容的背景色

家饰： 球形灯具泡泡乐趣

厨房： 冰箱转向＋吧台界定

开放式的客餐厅因为空桥设计，游戏室有了划分，高低层次让空间变得有趣。将门口的餐厅定义为乐园的起点，垂吊的球形吊灯摇荡童心，斜摆的餐桌挑战普通制式，餐椅也挑选不同款式相互搭配，力求打破餐厅的呆板印象。

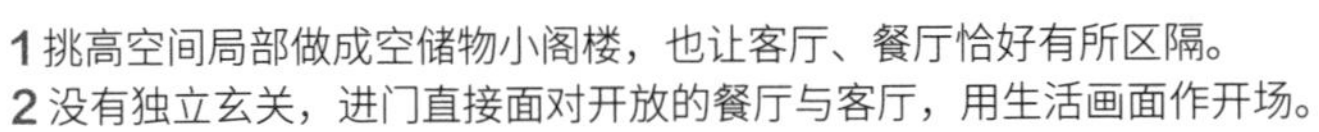

1 挑高空间局部做成空储物小阁楼，也让客厅、餐厅恰好有所区隔。
2 没有独立玄关，进门直接面对开放的餐厅与客厅，用生活画面作开场。

鸟巢秋千椅颠覆客厅的使用方式，强调空间的同乐与互动。

1 阁楼规划在餐厅与客厅之间的过道，即便高度降低也不影响空间感。
2 二分法区分公私区域，用门框界定空间并维持通透。

以蓝色为基底，创造北欧风情

色彩绝对是启动乐趣的最佳元素，蓝色很适合打造北欧随性住宅，可以轻松可以内敛，同时也是个很好的背景色，接纳所有家具物件，不需要为配色伤脑筋。

若有挑高条件，建议天花板色彩跳色可以凸显高度，例如这里的深蓝色天花板，因高度够而不必担心压迫感，增加色彩反而更能突出欢乐氛围。电视墙使用栓木刷白，利用不同材质的转换让白色空间更加细腻。

从客厅前往卧室的端景墙上再度运用浅蓝色，以暗喻空间性质的转换，这面墙可以挂上任何色彩的画，甚至随意摆个鲜橘色的小马，提高风格主题。

2

3

亲子房的小阁楼概念

59.4平方米的房子平常可以隔出两间屋来，不过设定为度假宅，想要保有家人互动的初衷，加上有大浴室的既定需求，因此把绝大部分的面积留给公共空间，只安排一间卧室。考虑到小孩会有自己睡的一天，在卧室中另外设计了小阁楼卧铺，以滑轨设置活动镂空爬梯，不需要时可推到墙边收起，降低体积对小空间的影响。爬梯紧挨着下方的双人床，增加安全度。用上下铺的概念串联亲子的睡眠空间，无形中增加亲昵度。

玩闹的乐园也是需要休息的，度假居所的空间设定通常要满足两个需求：白天可以聚会同乐，夜晚能够安眠放松。所以用一扇门替公共空间和私人空间分界，聚会游戏的互动空间集中在前端，洗澡睡觉的休息空间安排在房子后端，拥有较安定的环境。把门当成一个隐形的介质，进出之间转换心境，也帮助孩子切换休憩跟玩乐的模式。

1 房间角落刻意留白，摆放摇椅与壁灯打造乐趣小空间。
2 主卧利用挑高规划阁楼卧铺，提供给小朋友独立的睡眠空间，也是小孩的第二个私密天地。
3 延续挑高游戏室，利用空间错层创造亲子同房不同床的独立性。

1

storage

收纳计划

Plan 1

开放式柜体，运用高弹性

主要的大型收纳柜安排在门旁，运用开放与封闭式收纳互相搭配。基于卫生考虑让鞋柜有门，作为空间底墙又增加柜的功能；运用开放式层架赋予多重弹性，除了当展示书柜，凭借收纳篮等单品，亦可成为餐柜。

2　2

Plan
2

独立游戏室，省去收整玩具的烦恼

为了创造给小孩欢乐、大人轻松的同乐环境，利用挑高夹层专辟一区作游戏室，独立空间任凭孩子们撒野，不必担心撒满地的玩具影响客餐厅整洁，省去大人因玩具乱丢而费心整理的时间。爬梯使用折叠梯，收折时能隐形，是个楼梯收纳的妙方。

furniture

家具家饰计划

Plan

1

餐桌椅异中求同，随性北欧不零乱

餐桌斜放跳脱规矩也增加餐厅的空间感，选用椭圆形的餐桌，没有锐角，斜放不会造成压迫；不同造型的餐椅互相搭配增加乐趣，餐椅以弧型线条为主且椅背都有相似的格栅造型，同样元素增加协调感，维持北欧风格的随性而不杂乱。

kitchen

厨房计划

Plan

1

冰箱换位新增吧台，小厨房功能更完整

原本冰箱位置在料理台旁边，面向餐厅，考虑设备缺少遮掩，以及一字形厨房的料理台面太小，将冰箱开口转向客厅。新增一道冰箱侧边隔板，从此立面延伸出吧台，给厨房争取料理平台，也让厨房与客餐厅之间有个缓冲。

CASE
02
随性北欧

位移一房，小家就有互动大厨房

中性色＋低彩度，让问题角落变成最棒空间

这套房子的主人是一对等待新生命的夫妻，除了主卧还想要有一间儿童房给即将出生的宝宝。建筑面积 76 平方米，室内面积只有 59 平方米，通常在这样的小面积里想要有两间卧室外加一间大厨房，好像是很遥远的梦想，或是只能牺牲房间面积来换取厨房。其实只要调整关键格局，各空间就能够平衡。

在这个案例里，利用开放式厨房增加一点儿空间视觉，变更儿童房、厨房与客厅的位置，稍微缩减客餐厅的尺度，适当加以镂空和穿透设计，即使隔出两间房，外加一个完整的客厅和大厨房，也不觉得拥挤。

房子面积小，最安全的做法是维持统一色彩，家具配色也不脱离“灰＋木＋白”的搭配原则，整间房子不跳色，只有少部分家饰如挂画或是餐椅可以使用不同的色彩，如黄色、蓝色来点缀北欧风的清新与活力。

类型：大楼
成员：2 人
面积：59.4m^2（室内）
格局：客厅、开放式餐厅厨房、主卧、卫浴、儿童房、后阳台
建材：超耐磨木地板、系统柜、色漆、少量木制柜、铝框拉门

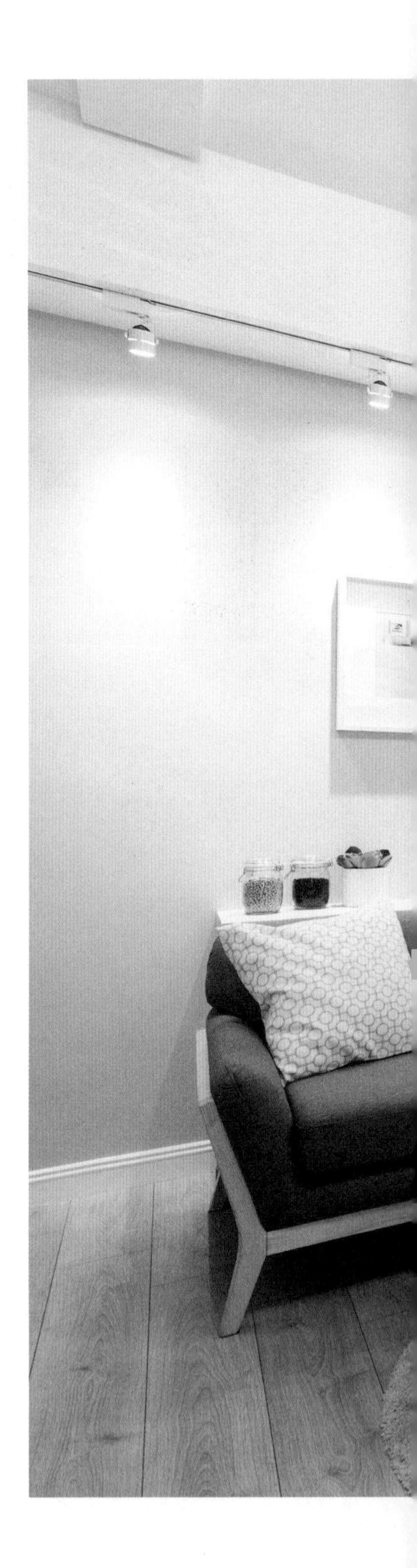

关键移动一房，释放卡卡格局

建筑商一开始在规划时，原先设定好的客厅位置在主要的光源旁，但是窗景是别人家的铁皮屋顶，丑丑的铁皮风景多少会翻搅生活上的好心情。将原客厅移作儿童房，采光充足的卧室对孩子的成长是有好处的；客厅则内退到房子后端，并让电视墙与儿童房共享一个双面柜；至于原来的一字形厨房跟儿童房打通之后，成为方正且开放的餐厨空间。

厨房设计是翻转本案例的重要一环，打掉一道墙，纳入隔壁 4.6 平方米的空间，一字形厨房因而可以变换位置，重新组合并新增橱柜台面，变为好用的 L 形厨房；上方也新增木制吊柜，增加厨房的收纳量。如此一来，创造出转角部分，正好当作餐厅的位置，L 形厨房的长边也成了餐厨区的隔间，各自独立又彼此亲近融洽，使公共区域拥有和谐的对应关系。

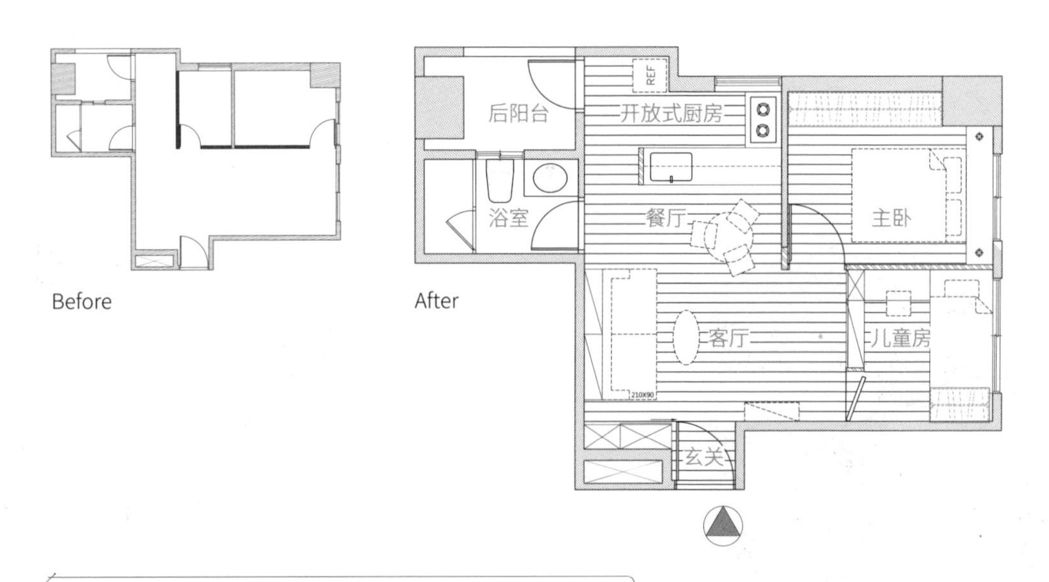

全室风格规划重点

收纳： 一物多用双面柜 + 代替储藏室的储物柜

家具： 圆弧造型量体轻巧

色彩： 中性色背景 + 蓝、黄色点缀

厨房： 拆解一字形厨房，截长补短变身大厨房

1 空间越小颜色越要素雅，同为大地色系的背景跟家具彼此相融。
2 圆形餐桌正好放置在开放厨房的角落，客、餐厅与厨房形成和谐的对应关系。

开放式厨房具有穿透感，可以让小居室放大空间。

电视双面柜，升级儿童房弹性收纳力

儿童房和电视柜共享的1.6米的双面柜，高度足够遮蔽隐私，上方用玻璃将自然光带到客厅。客厅深度4米多，利用系统柜在沙发后方做了一座同样高度的矮柜，创造壁柜的功能，并在台面加上插座，供置物、充电、放台灯，增加多元使用性。

重新定制的儿童房有5.6平方米，仍然赋予充足的收纳量，用系统柜整合床与衣柜，床的下方有收纳抽屉，而底端有一座完整衣柜，侧面还可以设置挂钩吊挂衣物、包包；床上方为了遮蔽房梁，顺势从梁的下方贴附一道层板，这道层板不只隐藏了梁，也制造出收纳空间。床边的空间预先量好书桌尺寸，目前暂放活动式收纳柜，孩子小的时候收纳玩具，长大了就换上书桌；双面柜的柜深30cm，开放式的层板可以当作书柜或是利用收纳盒储放杂物。

1

1 客厅电视墙与儿童房隔墙柜体，以双面功能做设计。
2 房间没有特别跳色，用饰品寝具来创造北欧的活泼缤纷。
3 儿童房的天花板为了避开梁，半包覆手法让板材往外延伸成为储物架。隔墙使用开放柜，上方玻璃让光线可以透进客厅。

storage

收纳计划

Plan

1

弹性移动门，整合鞋柜 + 开放收纳柜

玄关鞋柜与沙发的距离太近，用滑推门解决无法开门的问题。滑轨做满整个玄关区，门可以自由移动，选择性地遮掩局部空间与开放式柜体，也可将门推至门口处，变成一个完整的独立小玄关。镜门还可充当穿衣镜。

Plan

2

沙发背柜，辅助式收纳

沙发与电视墙的距离够宽，因此特别在后方安装一组与椅背齐高的收纳系统柜，平常可放置较少使用的杂物、备品，有需要时才移动沙发取用，让小面积的家又多一处收纳区。边柜的平台则方便置物与装饰摆设，平台上也设置插座，增添功能。

Plan

3

单轨门争取衣柜空间，灵活开合变换柜体表情

主卧的宽度有限，衣柜舍弃开门式，使用最不占空间的单轨滑推门，多争取了8cm的厚度。衣柜中段特别让上方层板跟抽屉内退，一来考虑位于高处的层板若深度太深会不好拿取，二来深浅错位的设计让柜体产生层次感，即使柜门全开也不呆板。

kitchen

厨房计划

Plan
1

改造一字形厨房，拆除、扩充，变身大厨房

原来的一字形厨房拆成三段后重新组合，在转角部分新增一座系统橱柜和台面，拓宽成 L 形厨房，上方吊柜除了沿用建筑商的设备，也另外请木工定做两组开放式层板柜：一组大型的面向餐厅，一组小型的卡入两组吊柜之间的犄角处，完美利用转角的重叠空间。

Plan
2

局部吊柜 + 转角柜，释放给用餐区

L 形转角厨房的交叠处，往往是收纳的难题，转角收纳设备是一种选择，但收纳量其实不大，不如让渡给餐厅，新增的橱柜作为餐柜，台面则为餐厨共享，结合上方开放式吊柜，替小餐厅创造完整的收纳功能。厨房上方吊柜镂空以及料理台中段挖空的做法，能够增加互动也替室内引入光线。吊柜镂空的高度与门框平齐，注重线条的一致性可避免空间高高低低太过凌乱。

LOT 8
LOT 8

收纳这样做

配件式收纳，善用质感收纳器具

相较于北欧风格，美式风格的收纳在视觉上比较收敛，不走瓶瓶罐罐外放的路线，而是善用有质感的收纳器具，再通过系统地摆放来展示风格。

一般来说，轻美式的木制柜子不用多，光是使用开放式层架加上活动家具，再搭配收纳配件就足够，收纳重点在于统整家中的各式物件，不让琐碎破坏居家美感。这时，藤篮、布筐、木箱、木架等就是有型有款的辅助器具，生活物件不必非得像北欧风那样有特色，哪怕是零碎小物或是外包装不讨喜的，都只需要做到分类清楚，依序收罗到“外貌协会”的容器中即可。

但要注意的是，收纳器具本身的尺寸不必在意，大中小皆可，但务必是同样的质地或是款式，并且注重温馨、有天然触感为佳。

众多的收纳器具中，藤篮是营造轻美式风格最重要的收纳器具，由于粗细不一的手工编织具有浓郁的手感温度，天然材质还可轻易塑造出美式居家的闲适；红酒箱、木箱也是另一绝佳的收纳器具，在色调的选配上，以浅木色尤佳，但使用于空间的总数量不宜过多，主要是因为木箱的方形结构，对于强调柔软舒适的美式风格来说有些生硬，搭配得不适当，不小心就会变成北欧或工业风，失去了柔软的观感。

Plan 1 藤篮式收纳——衣物包包散落各处也 OK

家门入口处放个大藤篮，可以让小孩一进门就放下书包，不必担心书包乱放。藤篮也适合放衣物，主卧床边、更衣室内的藤篮放置早上换下来的睡衣，省去折叠时间，也解决睡衣丢床上的习惯。吹风机用独立的小藤篮收纳，放在桌上拿取方便也不影响美观。

Plan 2 木箱式收纳——收纳不规则形状的物品

玄关柜底座高度提高，可以在下方放置木箱，收纳小孩的溜冰鞋、球具、玩沙工具等；大人们外出的提包、公文包也可以用大木箱收纳，方便回家和出门时拿取，也避免包包随手乱放；木箱也是放置矿泉水跟宝特瓶的风格收纳法。

Plan 3 托盘式收纳——
每一件物品都要有容器

钥匙、遥控器等小物件不妨利用木托盘来统整，一个个物件散落在同一平台上，即使整齐摆好，仍会有零零散散之感；收在浅木盘里，可以让整个台面看起来更干净。

Plan 4 食物架收纳——
把食材当作厨房展示品

在欧美国家常看见摊贩用木箱装载蔬果，一般家庭食材没那么多，铁制的三层食物收纳架倒是不错的选择，洋葱、南瓜、姜等不需要放冰箱的食材，放在开放铁架内不只拿取方便，也成了厨房的生活展示。

家具家饰这样配

大家具地道经典，小家具混搭风格

沙发是美式空间的核心，像餐桌、沙发、餐柜这类大型家具可以很地道，其他小家具如小茶几、小凳子则可以混搭其他元素，增加个人风格和趣味，并不建议每样家具都要很地道，这会少了点儿清新感。例如餐椅可以休闲一些，使用藤编、木头的元素，或是把北欧、轻工业风带进来，让空间更自在。

轻美式可以说是加了休闲、现代元素的美式风格，有这两种元素的家具除了让空间线条简化，还可以创造出无负担氛围，单价比起正统古典美式家具亲民许多，入手容易，风格营造也更为轻松。

家饰选物大原则是：精致度高，或是具有不规则的手感。装饰物件要有线条细节与时光痕迹，带点儿轻古典造型，不太过刻意或是工业感太强的大量物品，选择藤篮、油画、白色寝具不会出错。而地毯和落地灯是重要的美式家饰，地毯等织品类可轻易带出温暖，黄光的灯能够给予空间温度与舒适。

色彩方面，美式家居的色彩一定要柔和，强调质感而非色彩，所以要用低彩度的空间主色调配合家饰，雾白、法国灰、浅蓝都是好搭配的中性背景色，让家饰品的选择多一些。

1

家具

Plan 1 沙发＋单椅——素色沙发配特色单椅

美式沙发的特色元素：布材质、外观厚实、坐垫蓬松、有布裙下摆、局部铆钉、厚扶手。如果空间条件允许，可以配置一张三人沙发＋一张单椅，只要掌握一个原则：素色沙发配多种颜色和样式的单椅，例如除了正统主人椅，也可以选择摇椅增加趣味性。如果喜欢带点儿乡村田园风，可以选择带点花卉图案的沙发，或是将花卉用在单椅上。

Plan 2 餐桌餐椅——

木餐桌＋休闲款餐椅

美式餐桌多以木材质为主，实木最能展现风格的原始与时光味道，桌脚椅脚可挑选稍古典的雕饰，餐椅搭配休闲款式，木材质结合藤编或是藤制餐椅，又或是栏杆造型的椅背，都能表现美式的田园感。餐桌跟餐椅的搭配可以一深一浅，整体更有层次。

Plan 3 活动家具——

融入轻工业、北欧家具做混搭

美式家具的搭配主张灵活混搭，线板、雕饰、花式柱脚等古典元素是美式风格的元素，最常用于大型活动柜如餐柜或是写字桌。其他小家具如茶几、边几可以混搭其他风格的家具，像带有工业风的铁饰木箱或是休闲风格的老木托盘茶几，创造不过于沉闷的美式风格。

家饰

Plan 1 地毯——色彩配合沙发单椅

材质以棉麻、羊毛为主，年轻族群通常偏好素色或抽象图案，但地毯图样不要太现代，喜欢经典则可选花地毯。适度地跟沙发单椅的花色调配，若单椅沙发较花、颜色较深，就用素色地毯搭配。

Plan 2 灯具——暖色温，轻古典造型

美式风格重视温暖氛围，黄光是最能制造温暖的色温。壁灯、吊灯、落地灯是风格营造的重点，其中布灯罩、古铜落地灯杆、雕花壁灯温馨，也具有古典意象。烛台吊灯是古典美式风格常见的造型，对于轻美式来说稍微古板了一些，但结合锻铁材质可以适度降低华丽感，更适合现代居家。

Plan 3 画作——油画凸显分量，金色框边表现典雅

空间的装饰画作以油画为主，有欧洲宫廷的风情，也让居家更有品位。有框的画呈现精致，而香槟金的画框会让整体更为典雅。选画时不要太抽象，以人物或是静物为主，画作的色彩搭配墙壁色系，也可以用生活照替代画作。

1

厨房、浴室这样打造

线板门＋古典锻铁五金配件聚焦风格

白色厨房最具美式风格，线板门与五金把手是重点，手工砖也是不可缺少的元素，多半用在料理台的壁面。厨房的配备如陶瓷水槽、古典造型的水龙头也很能够营造风格。

美式风格的浴室讲求气氛，墙壁下半部会沾湿的水区使用瓷砖；高度120cm以上，较少碰到水的干区会用线板和刷漆工艺，可以挂镜子、画；空间条件允许还能加设层板架，放置书报和装饰品。镜子可以使用活动镜，边框可以是锻铁材质，也可以是藤编或是麻绳。

2

2

Plan 1 **卫浴配件——古典造型与锻铁架**

用饰品强调氛围的营造，活动镜、水龙头造型都要讲究，五金配件如花洒、水龙头、毛巾杆、挂钩选择古典造型的锻铁材质，都可以创造出复古典雅的风格效果。

Plan 2 **壁挂设计——吊柜 + 展示木架**

轻美式厨房的柜体封闭性比较强，多有门而且会跟格子玻璃门交错配置。除了固定式柜体，还可多利用壁挂木架、小木柜，把瓶瓶罐罐当展示品，让空间更生动。

CASE
01
轻美式居家

减减减！单色彩、低明度美式清爽屋

线板、格子窗、企口板不用也有型

这是我现在的家，是我所换的第8套房子了。40 岁的时候换房子，最想要的是有阳台，可以跟阳光亲近，让花花草草给生活注入更多生命力。这套房子有充足采光，每个房间与客餐厅都能触碰到阳光，刚好阳台栏杆是古典曲线，呼应美式造型，于是，风格创意就从日光阳台展开。

会选择美式风格，也是基于一种试验精神。美式风格重视家人的情感流动，跟我们一家三口的亲昵状态其实很相称，但我的个性比较中性，喜欢清爽简单的事物，因此轻美式的设计来到我手中，第一步就是“减法哲学”。舍弃过度女性化的元素，加入中性且有质感的物件，线条尽可能地减少……这样的家才能让不同性格与性别的人都能住得自在。

类型： 大楼
成员： 夫妻 +1 子
面积： $105m^2$（含阳台）
格局： 客厅、餐厅、厨房、主卧、儿童房、卫浴、更衣室
建材： 老木、手工砖、复古砖、超耐磨地板、活动家具

好清理建材 vs. 低彩度美学

规划一开始，要先满足家中“卫生股长”的要求，先生很重视整洁，因此室内地板选材是兼顾好用、好维护的超耐磨木地板；至于玻璃材质看似清爽，其实易沾黏指纹脏污，也较冰冷，不会是我们选择的材质。男主人另外的要求是要有宽敞干净的独立玄关，作为从户外入屋的“灰尘隔离区”，同时也希望有一间通风明亮的浴室。为此，我们特别对玄关的地面材质选用和浴室盥洗区相同的复古砖，和其他空间的木地板做出区隔，同时兼具防滑耐污的特点。

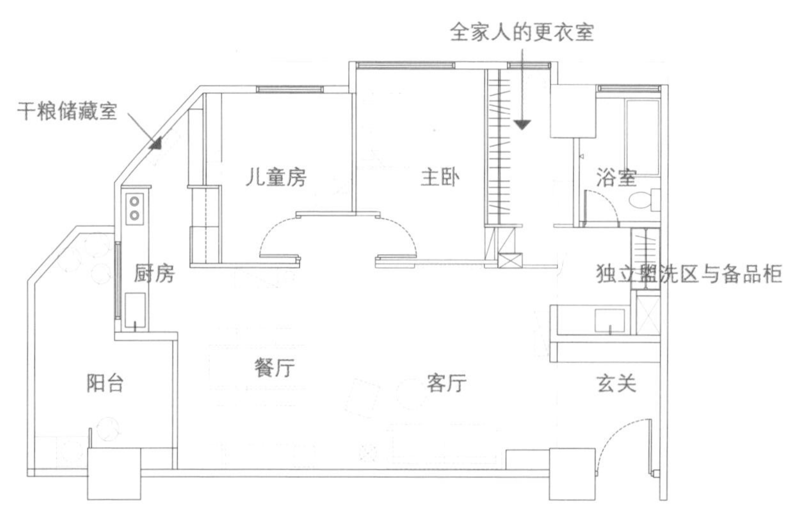

1

2

全室风格规划重点

收纳：独立更衣室＋盥洗区备品柜

家具：仿古木家具＋原木老件

色彩：褐色 vs. 灰绿色墙体

家饰：玻璃餐具柜＋家人照片相框

厨房：畸角变身干货零食间

浴室：手工砖＋平台式收纳

至于生活的美感情调，当然是由身为女主人的我来负责。让天花板与墙面尽可能成为单纯背景，完美凸显家具的质感和线条。整间屋子仅用灰绿色作为全家的墙面主调，底部再衬托深色木地板。卫浴空间则贴上湖水绿的手工砖，主要是希望借助砖面的温润感与柔化过的线条，让沐浴区更加清爽放松。

1 天花板只以细致的线条做角线，取代繁复的线板层次，空间更简约。
2 用电视墙作为活动路线的分界点，往右转入更衣室和浴室，往左则是个人房间。

采光良好的条件下，使用深色木地板强调稳重的中性性格，同时保持住家的清亮。

厨房的犄角作为干粮储藏区，很有美式家庭的作风。

黑色复古地砖与旧杉木天花板，替香草花园打造浓郁的田园背景。

天然质感的家具入驻

在硬件的装修上，虽然减少了大量美式乡村元素，但关键仍要保留简单的线板门与踢脚、大窗框，以及木地板作为基础背景。

因此，家具家饰成为空间的焦点。选购时会特别以天然、具有生活痕迹的物件为首要选择，而天然质感家具与温润的老木物件是最适合的元素。

像带着天然缺口及木疤的大餐桌，摸起来触感舒适的仿旧餐椅与托盘式木茶几，甚至壁灯与端景铁架、古董写字桌以及复古摇椅，都让每一个角落有种安适稳定的质地，好像它们原本就已经在那里了。

像这样以简洁的基本装修打底，哪一天家人的生活状态改变，需要另一种风格进驻，只要将家具家饰换掉，就会是新样貌！

特制格局，以全家习惯为基础

特别要注意的是，轻美式乡村风格需要一定面积来强调比例对称，并侧重家中共处空间的设计，因此，105 平方米左右会是比较适合的基本规格。餐厨空间是我与孩子最常使用的区域，利用既有的先天条件，让厨房跟阳台相邻，厨房窗台望出去是香草花园，把良好视野留给做饭的人，增添愉悦心境；小孩在餐桌上写作业、玩玩具、等待美食上桌，让妈妈做菜的时候也能看顾孩子、跟孩子聊天，疲惫时一抬头就能被窗外的绿色世界治愈。

整体格局顺应全家人的生活习惯，秉持“公共空间大、个人房间小”的原则，主卧室与儿童房只规划睡眠区与个人小物件收纳区，主要衣物及较大型的生活用品则移出房间，集合放置在全家共享的更衣室。由于家中成员不多，只规划一套卫浴，并将面盆区特别安排在沐浴空间之外，让家人分区使用，不需上演抢厕所的戏码。

如此一来，家中自然形成一活动路线，只要从室外进屋，就会自然而然地先去洗手、走进更衣室换衣服、置物，然后走入浴室洗澡。依照生活习惯塑造的家，不仅好住，更能让每个成员自在。

1 更衣室与盥洗区之间刚好有一处畸角空间，架设层板与活动抽屉柜，放置常用的毛巾与袜子，增加收纳灵活性。
2 湖水绿手工砖与复古砖打造清新恬静的卫浴空间。

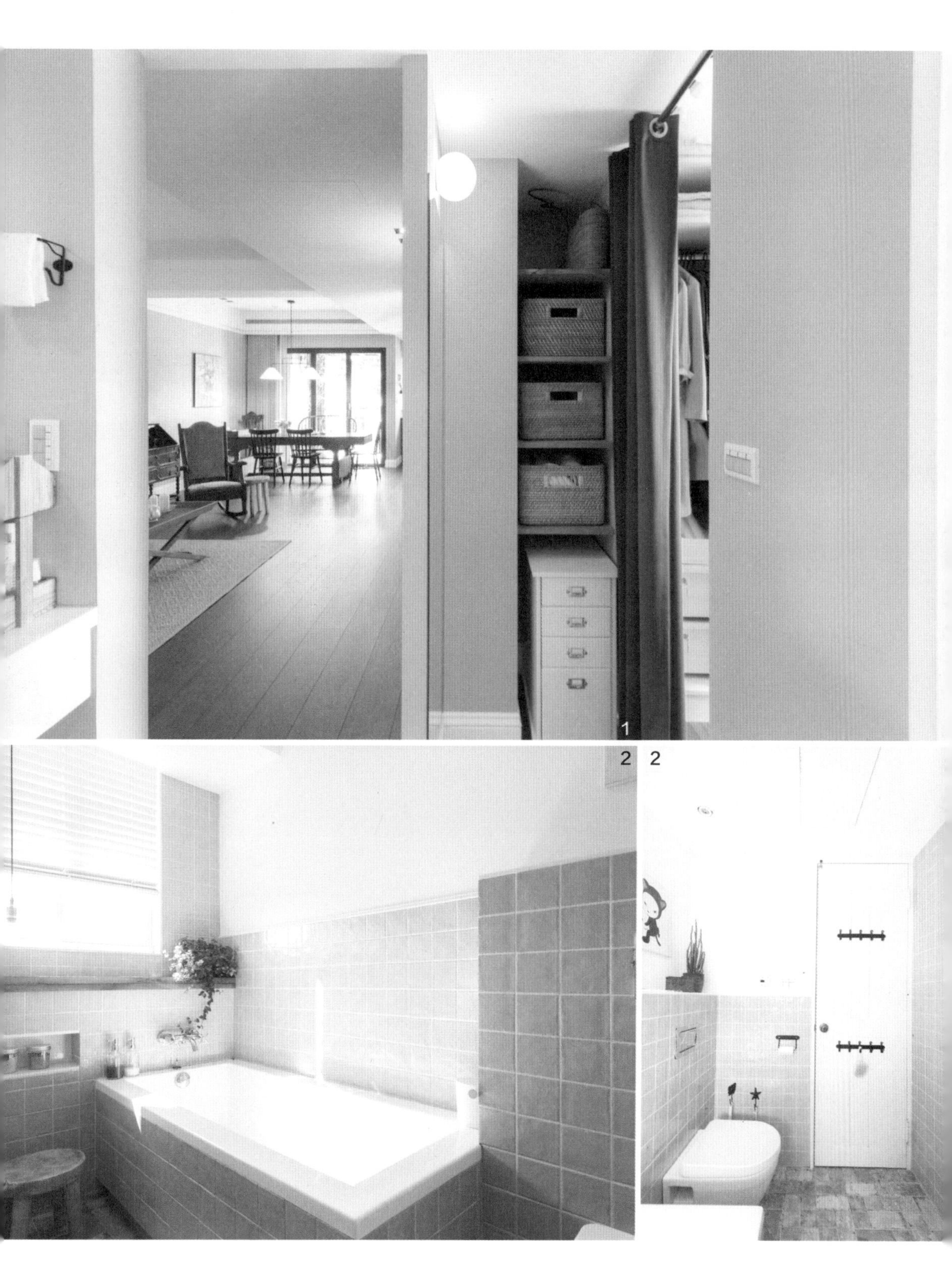
1
2
2

1

1

storage

收纳计划

Plan

1

整合盥洗路线+内凹深柜

创造空间里的内凹空间满足杂物收纳。盥洗区规划 60cm 的深柜，摆放盥洗备用品，也解决行李箱的收纳，柜体位置安排在沐浴与盥洗路线上，以直觉式收纳节省不必要的走动与取物置物，相关的用品才不会蔓延整个家。

2

2

Plan 2

是更衣室也是干衣间

小家庭不妨将全家的衣物收纳功能整合在一起。入口处借用电视墙侧内凹，做出层架、抽屉式收纳空间，摆放毛巾、浴巾，供应一旁盥洗使用。往内延伸成为独立更衣室，全家人依照物品设定收纳方式（层板、吊杆、抽屉、挂钩等）。木抽屉与层板上方设置黑色铁横杆，下雨时拉上隔帘挂上衣服，使用除湿机即可成为干衣间。

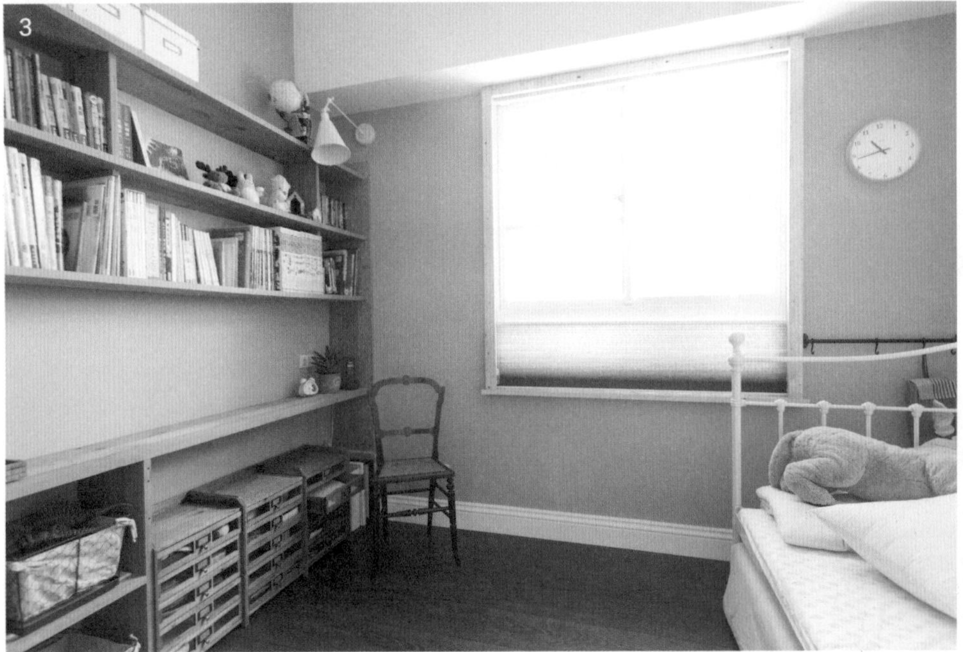

Plan

3

内缩墙体，嵌入式柜设计

以彩墙背景设计一个层板框，除了作为固定式书架，下方也可搭配活动式抽屉木箱、纸盒、铁篮等收纳设备，将小朋友零碎而大量的小玩具、文具采取配件式收纳，让物品分门别类，好收又好找。床后方则施以固定挂钩，争取更多置物区。

主卧的风琴帘遮住了窗外的快速道路，只取蓝天与远山；内凹式书架与墙体整合出平整立面。

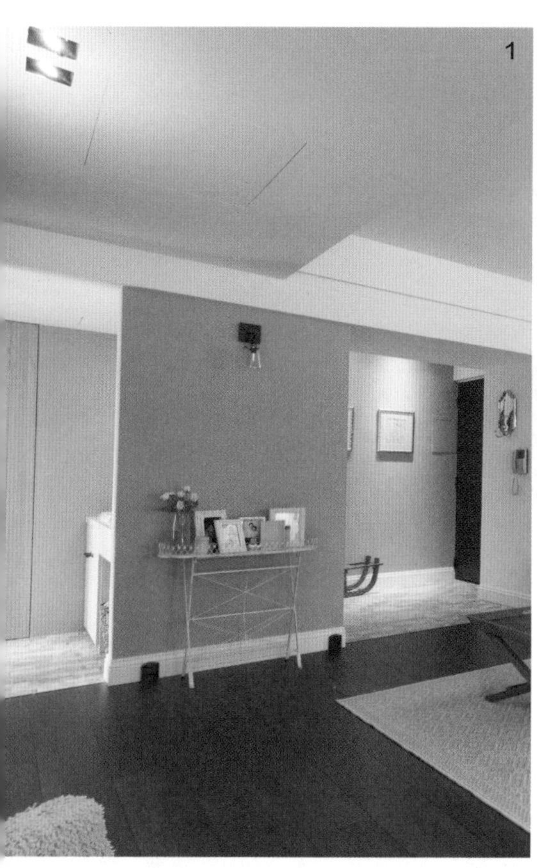

furniture

家具建材计划

Plan **1**

双地板材，区隔干湿与内外

玄关和盥洗区都使用复古砖为地面用材，与室内木地板区隔开来。使用深色木地板需考虑室内是否光线充足，再搭配灰绿色的墙面使之协调。家具的色彩明度必须高于地板，整体空间才不会太过低沉。

Plan **2**

古董家具搭配原木新作

选择线条细腻且具有时空感的老家具，例如来自印度尼西亚的餐桌与餐柜，但不建议全都使用老件，那会使得空间过于沉重。搭配原木新做的家具可协调新旧，也可局部改造符合使用需求，例如将沙发旁的写字桌板改为大理石台面，材质混搭也更经久耐用。

厨房计划

Plan
1
犄角地变身干货美型展示间

厨房底端的犄角地在使用上不太方便，因此做成隔间墙让烹煮区格局方正，也多了三角形储物间。在储物间视线可及之处规划干货零食层架、吊挂区以方便取用，弧形门左侧内墙因视线隐秘，则放置扫除用具。

Plan
2
L 形老木窗台，拉宽视野方便置物

厨房舍弃悬吊柜，特意规划一L 形角窗，让视角可以大于 180 度，一览户外阳台香草花园。此外，以原木设计窗台延续窗外的绿意，创造田园风情的置物平台，不仅洒进阳光还能兼具收纳、展示功能，搭配下方的手工砖，流露自然手感。

1

2

bathroom

浴室计划

Plan 1

用矮墙收管线，创造平台式收纳

利用隐藏管线所需宽度砌出矮墙作为置物台面，这样不需为了埋设管线做满高墙，台面上空间与内嵌式的收纳洞口可摆放卫浴用品，放置绿植也很合适，在窗下放一块老木头让阳光熏染，搭配清澈海洋的色彩让这小空间释放生命力。

Plan 2

适度留白，碰不到水的地方不贴砖

砖可美化空间也可防水，但整间浴室贴满墙砖，就会显得局促压迫，浴缸和马桶上方的墙面因为碰不到水，正好可以顺应马桶上方的半高平台拉出一条分界线，保留白墙，不会碰到水的地方不贴砖，不只省预算，留白也让空间更清爽。

换个家具就不同！
一个新家多种模样

家的形态反映生活的样貌，跟随人的改变，空间的配置也要能跟上节奏。我家就是很好的例子。

根据家中卫生股长（我先生）的意见，担心老木头的木疤凹痕易堆藏尘屑，将旧木餐桌换成表面平整度较高的实木餐桌，替桌面清洁省不少心。原来的餐厅因为餐桌体积太大，不适宜再塞进柜子，实际生活后发现，餐桌旁还是要有一个餐柜可以储物和临时置物，新添购原木餐柜同时将餐桌转向，腾出一道墙面作为餐柜的落脚处；顺应餐桌形状，置换成同样精巧的铁艺吊灯。

客厅还有一大改变，大茶几和地毯消失了！取而代之的是宽阔的客厅，也成了孩子能够尽情跑跳的游乐园地。原先在沙发旁的空地改放矮木箱柜，高度正好放置随手可拿的物品，同时利用小边几放置大茶几撤离后的零碎物件。

这次的调整正好呼应我不断提倡的“家具表现风格”以及“减少固定装修、多有弹性”这两点原则，也是“越简单越好住”的验证成果。

1 吊灯对应餐桌转向换位置，灯具线路走原来的出线孔，只是另外在灯具垂挂处设挂钩，固定灯具也一并整理吊灯的链线，利用弧度的美感减少链线的凌乱。
2 餐桌更换后视觉体积缩小，90 度转向后也不觉得压迫。为配合餐桌，选择细圆柱格栅、弧形椅背的餐椅。
3 撤换大茶几和地毯之后，客厅重新拥有一大片空地，家人可坐沙发或席地而坐，使用客厅的方式更为自由！

1

2

3

CASE
02
轻美式居家

轻量化小美式！
43m² 空间一应俱全

镂空+透明+折叠，缩一房更好用

美式风格过去承袭古典风格，讲求对称，习惯通过家具来营造风格，而强调舒适、稳重的家具通常都很大，让许多人误以为美式风格必须以大面积为基础。事实上，小空间一样可完成美式居家的梦想，这间 43 平方米含阳台的美式小宅，就是很好的例子。

面积虽小，但女主人仍希望保有温馨感，墙面刷上奶茶色制造出温暖氛围，空间中的量体像是柜子、层板、门都使用白色，有放大空间的效果，也可以淡化量体的存在感。

原本的格局设定让两间卧室几乎一样大，但其中一间儿童房并不需要太大的空间，所以缩小了儿童房，拓宽走道，同步争取了餐厅空间。只是在房子内部的餐厅并不靠窗，是跟过道合二为一的小区域，这也是把儿童房门改成玻璃拉门的原因，一来把儿童房内的自然光引入餐厅，二来半开放式跟半透明的设计无形中扩大了餐厅的空间感，餐厅跟客厅之间的镂空屏风也具有同样作用。

类型： 大楼
面积： 43m²（含阳台）
格局： 客厅、餐厅、厨房、主卧、儿童房、卫浴
建材： 铝框拉门、超耐磨地板、系统柜、色漆

三人座舒服沙发不能少，用折叠餐桌省空间

慵懒舒适的居家氛围，少不了一张舒服的大沙发，即使是小面积也不建议缩小沙发尺寸，一样维持三人座沙发，可以让空间不琐碎。然而，沙发的款式不宜太过张扬，选择造型简单的素色布沙发，简约风格让家具跟整体空间更融合，也可降低沙发的巨大感。

小空间对大型家具要有所取舍，保留了大沙发，势必对另一样大型家具的尺寸要让步，餐桌选择小巧的折叠桌，可依使用需求调整桌子大小，平时人少或简单用餐时，小桌子的状态可以保有空间感。

由于内缩了儿童房，等于客厅沙发背墙少了一截儿，于是新增一段木制镂空屏风当作沙发靠背，也恰好作为客餐厅之间的分界，比起实墙更有通透感，也不会造成空间的封闭。

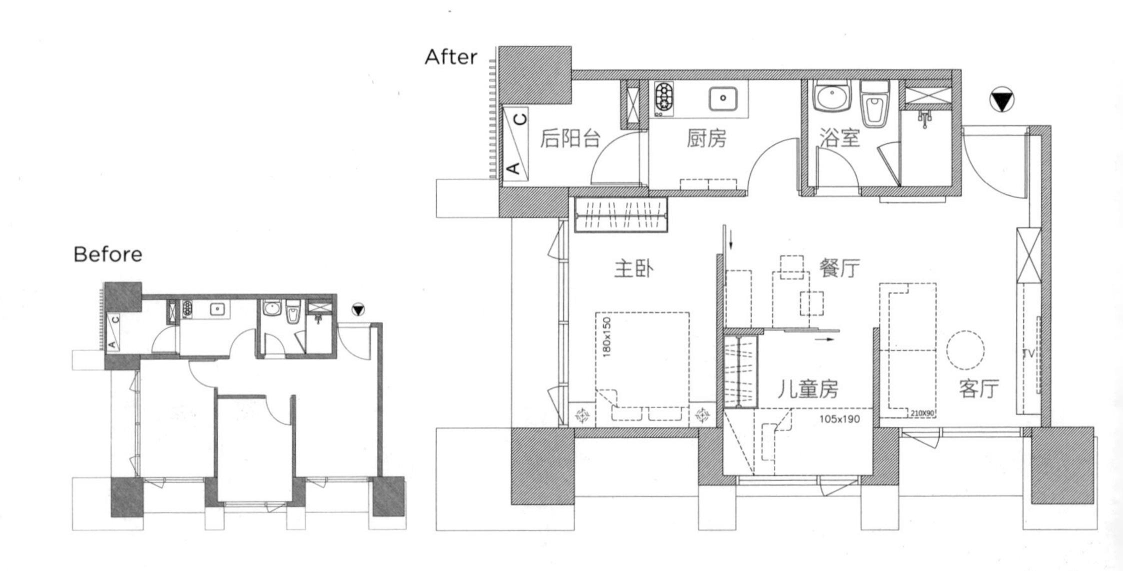

全室风格规划重点

收纳： 层板＋矮柜＋高柜，混搭收纳法

家具： 现代、北欧小家具＋美式乡村餐柜

色彩： 奶茶色＋白色，外加暖黄色

家饰： 挂画＋藤篮，点到为止

1 玄关利用门后空间设计 12cm 的层架，方便回家顺手放置钥匙、零钱等杂物，也可摆装饰品。
2 不做电视背板，柜体也不做满，让深度有限的客厅维持通透。

CENTURY

一墙之隔就是餐厅与儿童房，直纹玻璃结合格子造型，可透光也具有遮挡功能。

1
2

1 用一道镂空的木制屏风创造完整的餐厅区域，并提供完整的沙发安定面。
2 内缩儿童房、整合过道而诞生的餐厅，周围均利用半开放式隔间降低封闭感。
3 主卧房门采用谷仓门，刻意让粗犷开门形式搭配简约门扇，栓木染白再磨出木纹，直接让木肌理表现美式的质朴。

谷仓门破题，美式混入北欧小家具

小房子走简约美式路线，因此美式元素在精不在多。

主卧房门采用谷仓门，外露黑铁轨道和滚轮吊轨成为显著的风格元素，门则特别选择使用栓木染白而不多加造型雕饰的素雅线条。儿童房的玻璃门加上细致的白色网格线，一样能诠释玻璃格子窗这项美式元素；柜体门使用压框门板代替线板门板，省去线板的层次堆积会更加耐看，简单干净的视觉效果，对于小空间来说格外重要。

硬件装修上的美式元素尽可能简化，利用家具来凸显风格，不过因为面积小，家具不建议太古典的样式，融入现代、北欧风格的小家具让整体更为简洁清爽，只用一张鹅黄色的乡村餐柜聚焦，在白净的空间中加入一点儿可爱与温馨。

storage

收纳计划

Plan **1**

旋转鞋架创造小鞋柜高收纳量

空间小不宜有太多高柜，只规划一个宽 85cm、深 40cm 的鞋柜，兼顾垂直跟水平的空间感。考虑收纳鞋子的空间可能会不够，使用旋转鞋架来增加收纳量；但鞋架无须做满柜体高度，太高的鞋架不好拿取，因此干脆在柜体上方规划储物空间，可放置旅行箱或不常拿取的大型物品。

Plan **2**

高低错位的收纳柜让空间呼吸

小空间的柜体量不能太高、太多，公共空间只规划一个高柜作为鞋柜使用。电视柜则降低高度，利用天花板跟高柜顶部的空间规划层板，可藏书或善用收纳盒置物，让收纳向上发展可以保留空间的开阔感。另外，大门门后的深度太浅，使用置物架解决进门时的杂物收纳。

Plan **3**

透空收纳柜降低衣柜量体感

被缩小的儿童房，用一个衣柜和层板架解决收纳问题。因为小空间更该平衡收纳量与空间感，衣柜不直顶天花板，上方用局部开放的设计来降低庞大的体积感，可以让空间开阔，也赋予衣柜多元的收纳功能。在床头墙加装层板，利用衣柜跟墙面的深度落差来平衡突兀，将收纳设计放在同一面，可减少视觉负担。

3

1
1

2

Plan 1

三人座沙发的舒适，是美式风格的精髓

宽大舒适的三人沙发是美式居家的必备，造型刻意选择素色简约款，没有花式线条也没有铆钉镶嵌，只有裙摆表现出美式风格，圆形扶手与侧边内缩的设计削弱了体积庞大的感觉，让三人沙发看起来略显轻盈。

Plan
2
大型金色框画作，遮电表箱又凸显风格

强调简约，客厅没有太多风格饰品，只用一幅大型画作表述，目的是盖住电表箱，也刚好是空间的端景画；金色框细致典雅，现代艺术的画作带入年轻又优雅的气息，色彩则呼应沙发的卡其色与空间的奶茶色。

Plan
3
白色折叠餐桌 + 暖黄餐柜

由于餐厅是跟走廊共生的一个区域，且紧挨儿童房，使用折叠餐桌可以增加此区的机动性，白色餐桌餐椅与整体空间的白色立面、柜体相搭，也能降低大型家具的压迫感。利用一座暖黄色餐柜将乡村的恬适带入家中，由于是空间的唯一焦点，花边柜底跟镶边线板这类美式造型元素可以稍微凸显。

Plan
4
奶茶色系，藤篮、吊灯、挂画

主卧室几乎全部运用家饰品来装点风格，墙上的挂画与地上的藤篮分别营造美式风格的典雅及自然，同时利用北欧风格的吊灯散发轻巧简约的气息。由于走廊宽度无法放入一般尺寸的床边柜，于是在床头墙设计腰线和台面，满足置物需求也提升风格质感。

收纳这样做

隐收纳，看不见仍要条理分类

木质风着重视觉的单纯，空间外露的物品越少越好，因此物品多靠柜子来收纳，出现的杂物便可相对减少。木质风的收纳强调“隐藏”，因此要尽量选择有门的柜子，减少开放柜的比例，即使开放也要整齐陈列，尽可能让所有的物品隐于无形。

不论外露还是隐藏，均强调视觉的整齐干净。木质风的空间更要经常性地执行“舍弃 + 分类 + 归位”的收纳原则，依物品的使用频率、物件归属空间来进行分类与摆放。如此一来，家中的收纳自成系统，不会收起来就忘记放哪儿了；一定要避免物品全部塞进柜子里的习惯，造成另一种收纳灾难。

相较于北欧、轻美式，强调“隐收纳”的木质风柜体比例较高，这代表柜体设计的思考与规划更仔细，才能兼顾数量与开阔的空间感。建议采 1/3 开放、2/3 隐藏的比例适度露与藏，视觉较舒适也增加使用弹性；若是使用全壁式的收纳柜，门的无把手设计可以淡化柜子的巨大感，宛如变身成墙壁，等于柜子本身也“被收纳”了。

1

2

2

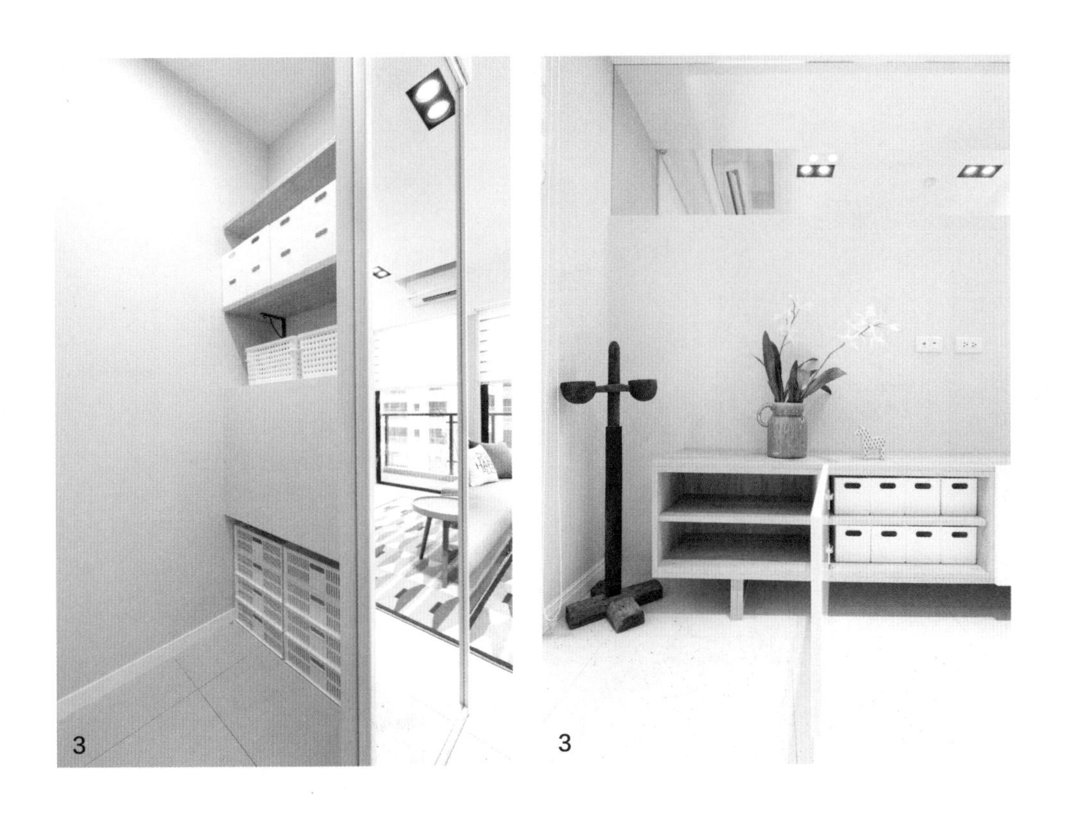
3

3

Plan 1 开放书架——整齐书本＋盆栽摆件

若要让木质风的柜子外露，最好的收纳物品绝对是书本，书本本身已具有规律性，排列下来就很整齐，微有参差也是一种美。书架上可穿插饰品如小盆栽、相框等摆件增添生活感。

Plan 2 半开放文件架——善用系统文件盒

开放式柜体可善用文件盒、资料盒收纳杂物，减少开放柜的杂乱，让视觉更整齐。在文件盒的选用上，色系与尺寸要统一，以呈现数量之美。

Plan 3 储藏室、柜内收纳——分类塑料收纳盒

储藏室、柜体内部可善用收纳产品协助分类，落实各区物品归位。柜内的收纳配件外露机会较少，以塑料置物篮与置物盒为主，整体设计方正且不占位，更能有效利用空间。

4
慈悲喜捨

4

Plan 4 柜设计——1/3 开放、2/3 隐藏分割比例

大型柜体要掌握外露和隐藏的比例，1/3 开放、2/3 隐藏是最实用的比例，可创造多元弹性的使用模式，也兼顾收纳量与视觉美感的平衡。换句话说，让柜子可以呼吸。

Plan 5 柜门设计——墙体感的无把手门

大容量的柜子以卧室的衣柜为主，使用无把手门可以让柜子看起来像墙面。设计以门缝分割的线条为主，不做多余装饰性的线条，最常使用浅木色或是白色板材，用最简单的素材降低柜子的存在感。

家具家饰这样配

大地色＋简约造型＋天然材质，绝对和谐！

木质风如果有太多种木头的颜色，容易因为纷乱而失去纯净，通常墙壁和地板会使用颜色相近的木材质，然而空间越大，可用的木头颜色越重。反之，小空间的木色绝对要淡、要浅。家具家饰的色系以大地色为主，如秋香色、奶茶色、浅灰色、原麻色、白色都可以协调出舒适无压的空间。

木质风的特色是“和谐”，整个空间没有单一主角，因此家具家饰适合素雅的棉布、麻布织品，不需要刻意制造焦点，每样东西恰如其分地扮演好配角。

若有预算可选择原木家具，实木餐桌是首选，选色避免偏红或偏黄，一般来说花梨木偏红、柚木偏黄，这类的色泽较难融入空间。常见的造型元素有简洁线条、水平线性、优美弧形，避免太突兀的形状，也要减少玻璃和铁件，太过光亮、冰冷的素材都无法制造木质风所需的温度。

家饰更加强调色彩的协调，以相近色为主，避免突出色彩。搭配自然元素能凸显木质风格的治愈功能，例如自然图案、天然素材，竹藤编制的物件、绿色盆栽甚至水果食材都很合宜。耐看的要诀在“刚柔并济”：色彩暖但质地硬，可用白色调和木质调的沉重；或是用布料的柔软调和木材质的硬度。

1

1

2

Plan 1 沙发 + 单椅——软垫 × 自然原木

造型极简是最高原则，简练的形体结构搭配舒适柔软的布坐垫、靠垫，适度柔软木头的生硬，除了木头扶手、椅脚结合布垫的款式，造型素雅的布沙发也经常使用。也可以放藤制或木制的单椅和摇椅，木椅的造型以通透性为主，太过厚实的款式可能造成沉重感；藤质家具则可增加休闲感。

Plan 2 餐桌餐椅——木桌厚实 + 餐椅轻巧

预算充足的前提下，绝对值得拥有一张实木餐桌，选择厚实感的款式并且避免偏黄和偏红的木头，可以增加餐桌在不同风格下的适应性；至于餐椅则少用整张都是布垫或皮革的款式，多用木质和藤质材料，轻巧餐椅可适度平衡木头餐桌的厚重感。

Plan 3 活动家具——未经加工的原木椅凳、桌几

可多用原木造型家具增加原始感，这类家具加工少、质地温醇，具有鲜明的木头纹理，可用作穿鞋椅、床边几或是矮桌茶几，适当的点缀让居家回归到森林的清新状态。

3

3

1

2

1

2

家饰

Plan 1 生活器皿——白瓷 + 原木，纯净温和

多为无色彩的器皿，白色、原木色都能表达纯净，材质以陶瓷为主，白瓷结合木柄的设计最常见，浅色木托盘以及原木盖的玻璃密封罐都能让生活器具更加温和。

Plan 2 灯具——简单造型，木、玻璃、藤为主材料

布类、白玻璃、木头、藤编都是适用于木质风的灯具材质，造型以简单为原则。

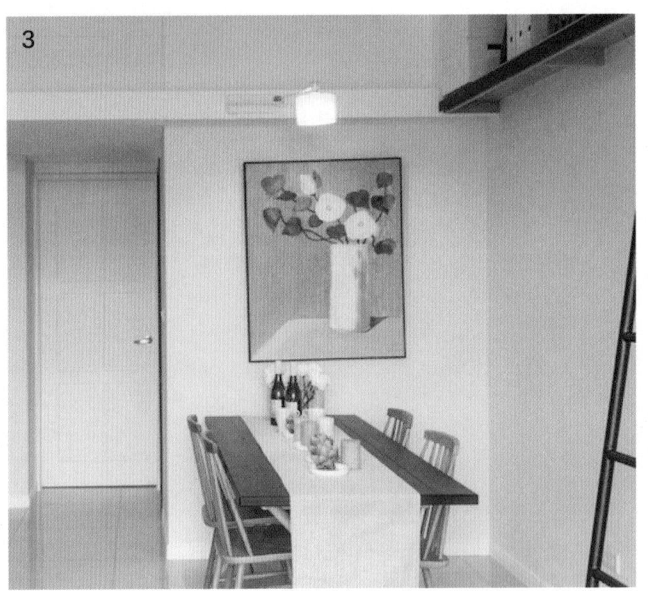

Plan **3** 画作——静物、色块、书法字画

画作以抽象与静物为主，强调内敛气质，色系不能太强烈，画作的留白部分较多，也多以色块表现，通常可配细木质的边框，无框画也适合。另外，书法作品也是很好的装饰。

混搭北欧家具家饰，让风格更年轻

木质风格里混搭北欧风格的家饰，如吊灯、地毯，可以让整体风格年轻化，跳脱太过沉稳的风格印象。

厨房、浴室这样打造

白色系×地面同色砖，隐造型、强质感

厨房以实用功能为主，通常不会太过强调风格造型，木质风的厨房门多使用白色烤漆，不一定连橱柜也贴木纹，但绝对要落实无把手设计，仅利用门缝的线条呈现简单利落的设计。料理台的壁面多贴附烤漆玻璃或素面砖。

卫浴空间一样的原则：空间大颜色深，空间小颜色浅。有条件的卫浴空间，浴柜可以使用深色木材质，地板砖的颜色也可较深；小空间则多用白色烤漆门板。一般地面多使用大块石英砖以减少分割线，让视觉更简洁，镜面多使用大面镜或镜柜。若干湿分离，在干区放木质矮柜，可收放备品，也是风格配件。

1

2

Plan 1 厨房——

白色烤漆面板最百搭

即使是木质风，白色厨房仍然是第一选择，着重大面积呈现并减少线条分割，面板烤漆可选择雾面和亮面，雾面低调素雅，具有朴实感；亮面干净明亮，有简洁感。

Plan 2 卫浴——

地面用同种砖，延展效果好

墙壁跟地面使用同一种砖，仅通过横竖贴的方式创造变化，可以让空间看起来更素雅又不呆板，尤其用在较小面积的卫浴，可创造延展放大效果。另外，使用大块石英砖的好处是能够减少繁复的线条。

CASE
01
木质系居家

减三房！工作室、家，一扇门瞬间切换

栓木洗白+米色文化石，轻量级的浅木空间

屋主从事出版业，需要待在家里工作的时间很多，房子既是居住空间同时也是办公室，客户或同事到家里开会的频率相当高，约 83 平方米的房子，可以使用的空间很大。因为是一个人居住，可以重新思考各空间的配置，相较于一般住家，甚至可以采用“减、隔、间”的方法，释放并创造更有效的使用空间。

首先，将原本的三房双卫浴变更用途，仅保留一间作为卧室，其余双房改为更衣室、开放式工作区，一间卫浴则作为储藏室。如此一来，不仅让公共空间更加宽敞，也为这个家配置出强大的使用功能。有别于一般木质风的明显原木色、木纹质地，在这里则是以白色木质空间为主题，通过洗白木纹、雾白墙面与米色文化石，打破对于木质风空间设计的既定印象。

简单的居住空间结合工作环境，对拥有庞大阅读量与工作量的屋主人来说，能够成为一个可以喘息和情绪切换的良好空间，其中关键在于视觉的平衡，降低不必要的外界干扰。此外，屋主人是无印良品拥趸，不只喜欢简约设计，生活也力行极简主义，因此，自然朴实的木质风当然就成为首选。

类型： 大楼
成员： 1 人
面积： 82.5m^2
格局： 起居室、会议区、工作区、厨房、主卧、主卫、更衣室、储藏室、后阳台
建材： 栓木洗白木皮、文化石、超耐磨地板、系统家具

當你
真心渴
某樣東西時
整個宇宙都
聯合起來幫
你完成。

简化餐厨，强化最常使用的工作区

因为屋主人的妈妈就住在楼下，所以在家用餐的概率很小，平时也不太开火，看电视的需求也不大，所以把餐厅的位置改成客厅，厨房的配置也跟着简化，维持一字形厨房的简单设计，加设吧台作为轻食区，也悄悄划分客厅与厨房的关系。此外，空间里简约设计是主体，以柔和的雾白色来做空间的基础色，文化石墙在木质风格中小面积地出现，增加自然的观感。

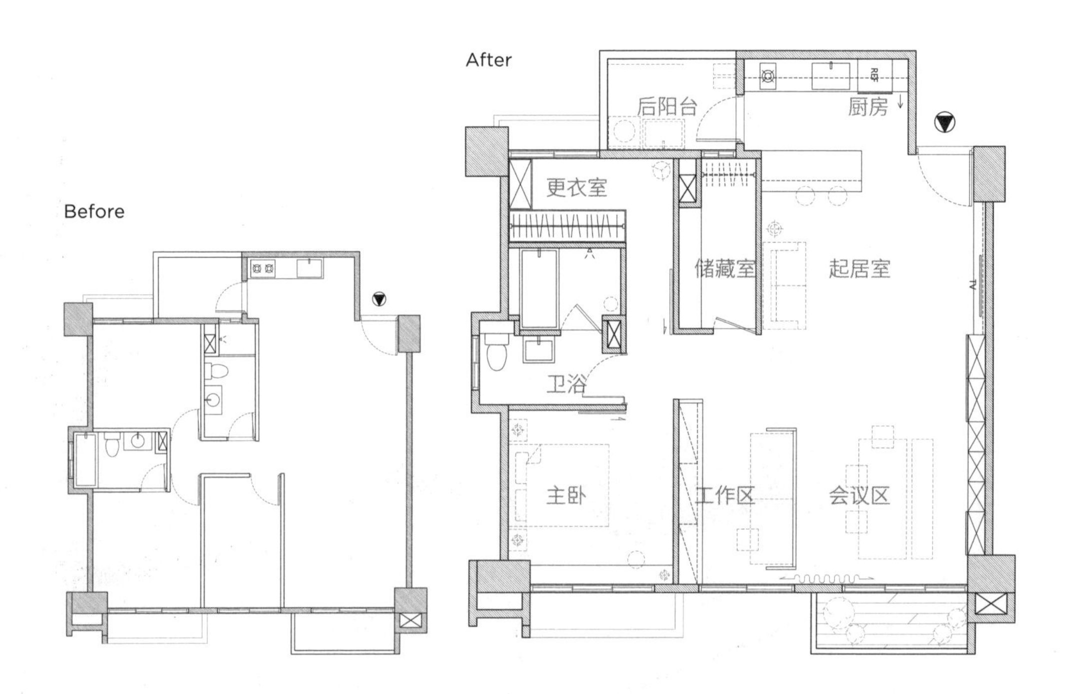

全室风格规划重点

收纳：开放式书柜 + 储藏室

家具：布质家具 + 实木桌

色彩：浅木色 + 米色文化石 vs. 灰蓝色柜体

厨房：格栅天花板 + 木质风门扇

浴室：扩大空间 + 干湿分离

1 将栓木木皮染白，刻意降低木的色泽，制造通透感。
2 完整的面宽联结三个空间，将起居室、走廊、会议区融合在一起。
3 书架、大木桌、工作区，横向功能规划出一个完整的工作路线。

靠近窗边采光最好的地方通常是留给客厅，对于需要长时间在家工作的房主来说，将阳光充裕的位置整体规划成办公区域是最适当的配置。在既是住家又是工作室的住宅里，以一张大木头桌子当作会议桌，当朋友拜访时也可以当餐桌使用。

用一扇门将卧室、卫浴跟公共空间区隔，大套房的设计使用更自在。

1
2

1 会议桌用一张实木餐桌替代，原木色让空间有重心。
2 利用矮墙遮掩工作桌，也达到空间区隔的目的。
3 工作区运用灰蓝色和白色营造理性高效的工作环境。
4 顺应房屋梁柱结构在窗边规划矮柜，延伸出桌面的使用。

一扇拉门，分隔工作与私生活

既是会议桌同时也是餐桌，大木桌的存在就像是家的灵魂物件，成为开放空间的焦点，也有着多种运用的可能性。

会议桌一旁的半开放式工作区，原本是一个小房间，如今打掉隔间墙，成为房主正式办公的区域，从入口、客厅一路延伸过来，成为完整的工作空间。办公区依照使用习惯摆放两张工作桌，为了不让零乱的电脑线外露，设计一道П字形矮墙围住工作桌面，也有助于工作时的专注与安静。功能方面，面向大木桌的矮墙面贴覆白膜玻璃，兼具会议时的白板用途。

工作区的后方，通过一扇拉门的开阖，将私人生活与工作清楚划分。更因一人居住，主卧室与更衣室有非常充裕的设计空间，简单的主卧以深蓝色壁纸为主墙，白木色与阳光共存，考虑窗户上方的横梁，特别规划收纳矮柜与小桌台区，让随性的阅读也在此进行。这些都是根据房主的性格以及缓解压力的需求，将繁杂的空间与各项元素一减再减，从而成为让人放松身心的家。

1

1

2

Plan 1

墙面收纳同材质，保留宽度、整体性

公共空间的收纳用一座大型书柜与门板式收纳柜组合而成，开放式的书柜方便拿取也兼具展示功能，搭配门板式收纳可隐藏不好收的物品；电视墙也使用同样的浅木色材质维持墙面的连贯性，完整面宽可以拉大空间视觉，避免变换材质造成墙面的分割。

Plan 2

客用卫浴变身储藏室

客厅后方原本是客用卫浴，考虑使用率不高，改成储藏室可收放大型家用物品，维持整体空间的简洁，但管线依旧保留，维持未来变更的弹性。主卧房门以及储藏室的隐藏门均使用同一材质，让墙面视觉具有一致性。

1

建材色彩计划

Plan 1

稀释白色水泥漆，保留文化石原色

在木质风格里使用文化石的诀窍是颜色，不能全白，一定要带米黄，以配合雾白色墙面和木材质。一般文化石的砖色偏黄，常见的做法是上漆后刷白，但在这里没有特别调色，维持原来空间的主色调，仅让材质出现变化即可，因此选择刷上非常稀的白色水泥漆，将原始黄色砖的色度降低。

kitchen

厨房计划

Plan **1**

格栅天花板，用直线增加设计感

简单素净的吊顶设计，特别在厨房天花板加入格栅造型，用高低差来区分使用属性。格栅具有穿透感，下降高度仍不觉得压迫；小区域的变化可以增加设计感。同样的材质维持了整体性，利落的线条也降低了视觉复杂度。

Plan **2**

更换橱柜门，统一木质调

把建筑商赠的橱柜门全部换成浅木色的美耐板，维持整体空间的木质调性；原本的石英砖色泽与大地色相近，与空间不冲突的物件尽可能保留，将预算花在必要的地方。新增吧台当作简易用餐区，也可以延伸为料理台面。

1 2

bathroom

浴室计划

Plan 1

一体感！地面高低差取代门槛

为了替淋浴区创造出口，将马桶和洗脸台左移，同时因埋设管线而垫高地板，干区地面自然高于湿区，利用高低差取代干湿区的门槛，防止流水也美观。窗户原有的铝框让人感觉冰冷，利用天花板的桧木废料替窗户加设窗框，搭配百叶帘呈现一致的治愈木质风。

Plan 2

湿区规划在一块儿，使用更便利

路线合理是卫浴好用实用的基本原则，浴缸和淋浴区规划在一块儿，淋浴到泡澡在同一空间即可解决，将湿区集中，可避免移动时踩湿地板。在湿区加入蒸气设备和桧木天花板设计，利用蒸气释放桧木香气，让沐浴享受加倍。

庄重感！
在木色中享受暮色人生

减家具、隐设计，门板全都藏之于无形

我常告诉装修新房子的客户，室内设计的意义在于如何替房子“粉饰”缺点，不用像老屋一样“整形”，更不需重复替房子“上妆”，太多的缀饰就像浓妆艳抹的女孩子，不耐看。

现在新房子的格局都很方正，传统三房两厅的房子，格局有一定的对应基准，不需大幅度调整，要请设计师出力之处，是要找出房子的缺陷，通过设计去模糊及转化它，让房子住起来更舒适。

这套是设计给一家三代同堂的居室，三房两厅的格局、含公摊面积将近 132 平方米的房子，是稳重却不老气的木质风格示范屋。

之所以将房子风格定调为沉稳木质风，在于面积、财力、格局需求对应到年龄层的设想。三房两厅的需求，可能是两个孩子大了，需要有各自房间而产生的换房族，或者是有小孩且与长辈同住的三代同堂，而这两阶段的人，依据年纪与社会历练，对回家后沉淀与沉静的渴望会高一些，也是普遍喜爱木头温润触感与观感的群体。

类型： 新大楼
面积： 105m^2（套内面积）
格局： 客厅、餐厅、厨房、主卧、儿童房、主卫、客浴
建材： 天然栓木木皮、人造石、铁件、超耐磨地板、系统柜

隐设计，消除一墙三房门

从一进门开始，开放空间一目了然，却又十分简洁，不仔细观察不会发现其实有三个房间比邻，房门开口全都面向客餐厅这一侧。在未经过调整之前，一进入屋内便会直接看到丑丑的房门和三道不对等的墙壁，优点因为房门的存在而消失。为了挽救这一情况，我利用“隐设计”把房门藏起来。

将电视墙旁边的主卧室入口换成暗门，门板和墙面统一使用栓木，并且从电视墙开始压上垂直分割线，用意是模糊门缝的存在；至于靠近餐厅的儿童房，则与一个大书柜整并在一起，利用滑推门隐藏儿童房入口，并特意安置在两座开放柜的中间，伪装成有门的收纳柜，让房门与墙面还有柜子合而为一。

全室风格规划重点

收纳： 360 度旋转鞋架 + 展示收纳墙

家具： 实木桌板 + 铁件桌脚，朴实也现代

色彩： 深木色 + 雾白色，原木也要明亮

家饰： 布料 + 原木，表现自然

卧室： 善用犄角地，与柱子共生

长方形的公共空间，因为有完整的墙面与收纳柜串联，空间的延续性更好了，收纳柜创造的完整立面让餐厅有了立足之处。而坐落在客厅与餐厅之间的过渡空间，放置一张单椅与落地灯创造一个阅读角落，因为开放式书柜完整了此处的功能，赋予这个留白之地以书卷气息。

1 长方形玄关深度较浅，用不同高度和深浅的柜体制造的错落也降低了压迫感。
2 餐桌与沙发这类的大型家具安排在房子两端，保持空间的深邃感。
3 将房门藏匿在墙面与书柜里，让开放式空间更完整。

柔化梁柱，加深沉稳木色

这个房子的梁柱较多，特别是在客厅上方有个大横梁，但只需在梁侧做斜角包覆，就可以将感到压迫的直角，转化成柔和的 45 度角，用最简单的线条削弱梁的巨大视觉冲击，也让空间曲线更加流畅。

至于三个房间内的大柱子，往往是让空间显得零乱的狠角色，产生许多犄角处。我的做法是顺势而为，沿着柱子两侧的凹陷空间规划柜子或台面，主卧室和主卧卫浴因此争取到桌面与更深更大的置物平台，儿童房也利用深度藏匿大衣柜与上下柜，长辈房则是从两侧延展出衣柜和桌子及矮柜，让空间发挥最大利用价值。

依着年龄段的喜好设定，我们将木质风加深了颜色，房子的面积够大，无须担心颜色太重会引起压迫感，跳脱年轻人喜爱的清新木质，整间房子的材质统一使用栓木染深，先染黑再洗白，主要是为了去掉木头过多的黄又能维持木头的咖啡色泽；墙面搭配雾白色，与木材质的立面架构出温暖清亮的空间基底。我让家中的第二大物件——餐桌椅，成为稳定空间氛围的角色，深色的胡桃木餐椅与铁件实木定制餐桌，加深了家的沉稳性格，藤制单椅也具有画龙点睛的作用。

1 分隔客、餐厅的大横梁，包覆成 45 度斜角，让天花板的压迫感变小。
2 墙面和房门使用同款木色，推开门时才知道别有洞天。
3 顺应窗上方横梁，下方规划柜体和桌板，桌板前方缩减预留卷帘落下的空间。

3

storage

收纳计划

Plan

1

360 度旋转鞋架，小玄关收纳量倍增

不到 3.3 平方米的玄关，不打算规划整排高柜压缩空间感，只在一座深柜内使用 360 度旋转鞋架，替鞋柜提升 50% 的收纳量。靠近门口的地方则使用半截浅柜，在上半部留白也多了置物平台，顾及空间开阔和收纳。

2

2

Plan

2 窗下空间，弹性收纳

长辈的房间衣柜宽度不足，这时可善用窗下空间，规划一整面的矮柜还多了平台置物，同时结合书桌功能，用抽屉、开放、门这三种收纳设计相结合的方式，满足书柜、衣物与杂物收纳功能，高弹性的配置适应不同的使用群体。

decoration

修饰计划

Plan 1 隐设计藏匿门板，墙面更完整

本来是被房门断开的两道墙面，分别规划一座开放式柜子，再设计一道滑推门遮挡中间的房门，同时串联了两个柜子，制造出一面完整的柜墙，顺势成为餐厅端景。为了消减柜子的巨大感，特意在柜子侧面使用白墙，制造镶嵌效果。

Plan 2 茶镜拉门，浴室隐藏师

浴室和厨房位于空间的端点，不希望坐在客厅或餐桌时视觉焦点在门框上，特意在浴室外加设了一道镜面滑推门，到顶的滑推门拉高空间高度，铁框与厨房门框彼此呼应，同时利用茶镜的反射，加深了空间的深邃感。

1

furniture

家具家饰计划

Plan 1

米白色沙发，淡化深色与木色

配合颜色略深的木空间，墙面不妨使用柔和的雾白色调和木材质的黄，至于家的最大物件——沙发，选择能和大地色和谐共处又不会沦为背景的米白色，提升家的清亮感受。深长的空间最担心被块状分割，因此在客厅和餐厅之间的过渡地带放入一张藤制单椅和落地灯，对应另一侧的书柜，创造出一个舒心角落。

Chapter 4

设计师、达人爱用！
建材、家具家饰、照明这样选就足够

地板材

超耐磨地板+海岛型木地板

“超耐磨木地板”是我最爱推荐的地板用料，其纹理真实有质感，同时耐刮磨好清洁，节省成本且施工快，十分适合怕麻烦的家庭。

至于“海岛型木地板”，比较适用于希望质感升级，同时也会小心保养维护居家的房主。由于表层为实木，容易在拉拖家具时刮伤，可选择300条（3mm）的厚度，若刮伤还可以做表面处理。

铺设时，超耐磨地板只要地板平整度良好就可直接铺上。注意靠墙处预留9mm的伸缩缝，保持热胀冷缩的弹性，收边可以使用矽利康或是踢脚线。海岛型木地板跟墙壁的衔接可以很密合，但因为本身材料已经具有厚度，必须先拆除旧地板才能铺设，否则门会打不开。

注意事项

1 铺设方向性 铺木地板时，遇到长廊要注意方向性，顺着走廊的方向铺设可以拉长空间的纵深。

2 木色选择 避免过红、过黄的木色，除了不易搭配家具家饰，还会让空间变得暗沉。原则上，面积越小使用的地板颜色越浅，在面积大、采光好的条件下，才适合使用深色木地板。

3 远离水汽 超耐磨木地板不能泡水超过2小时，否则也容易因潮湿而变形。倘若出现隆起的情况，可请厂商处理。海岛型木地板不建议用在厨房，表面常有水渍的话会变色。

4 勿压重物 超耐磨地板上最好不要压重物，会影响伸缩。

木地板可以让家变得有温度，而超耐磨与海岛型这两种是相对稳定且好用的木地板建材。

Point 1 / 超耐磨木地板

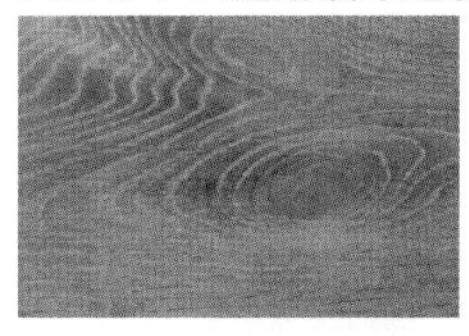

1
皇家橡木

品　　牌： MEISTER/LD300 系列
尺寸厚度： 2052mm × 208mm × 9mm
价　　格： 390~430 元（连工带料，收边另计）
说　　明： 木纹率性自然，有鲜明木节跟烟熏过的色差，导角设计如同实木拼接地板，是美式风格常用的地板建材。

2
地中海橡木

品　　牌： MEISTER/75 系列
尺寸厚度： 1288mm × 198mm × 8mm
价　　格： 330~370 元（连工带料，收边另计）
说　　明： 材质颜色偏白，可以提升整体空间亮度，适合北欧风与小空间。

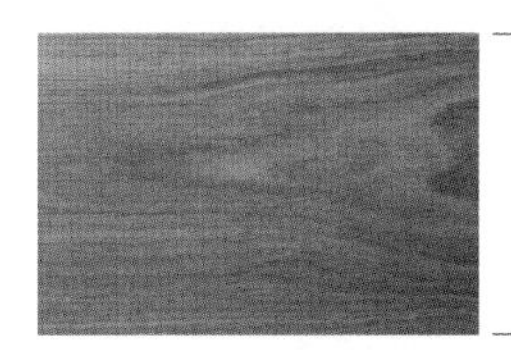

3
蒂芬妮橡木

品　　牌： MEISTER LD200 系列
尺寸厚度： 1287mm × 198mm × 8mm
价　　格： 330~370 元（连工带料，收边另计）
说　　明： 适合木质风，色调中性具有温和感，也能制造沉稳效果。

Point 2 / 海岛型木地板

缅柚导管白
（环保透气漆）

品　　牌： YUSUN
尺寸厚度： 3mm
价　　格： 590 元 /m^2
说　　明： 雾面质感佳，颜色稍浅的柚木色泽，不会太黑或太黄，较好搭配，染暗再填白缝的染色处理，使纹路更立体。

壁面材

色漆+壁纸+文化石

我常用的壁面材是水泥漆、壁纸、文化石互相搭配。原则是：低彩度的色漆打底+文化石与壁纸共存，只就纹理做变化。以水泥漆单纯的颜色当空间打底最合适，再搭配文化石和壁纸点缀，空间就很丰富。

空间壁面的颜色决定一个家的整体色系，喜欢冷色系可以用浅灰色、灰绿色这些若有若无的颜色；暖色系的空间诉求感性，带有淡淡奶茶色的雾白色能够散发温度，避免用浓郁色才能让人住得舒适；办公室也很适合用一点儿理性的灰蓝色。

基本上房子的主要背景，如天花板与壁面使用水泥漆，占80%的空间都用水泥漆当基本素材来铺陈，除了避免鲜艳色彩，还因低彩度可酝酿空间质感。如果天花板是白色，更能凸显出层次感。

选色注意事项

1 水泥漆 天花板使用纯白色，搭配暖白或是黄光才够明亮；若暖色灯光使用百合白等非纯白的颜色，整体色调会偏黄。床头背墙用深色有助睡眠，另外深色电视墙可以包容电视量体，减低突兀感。

2 壁纸 避免太夸张的图样和塑料壁纸，以免影响空间质地。

3 文化石 常见的有灰、白、米三色，其中红色风格强烈，多用于工业风或乡村风。另外，不论米黄还是白色文化石，都会刷上一层薄薄水泥漆，将彩度降低，让色泽比较柔和。

三种壁面材比一比

壁面材	优点	特色	建议使用区域
水泥漆	色彩选择最多，最易维修，成本相对低	环保无毒，大范围使用也安心，可随时为空间换色、换心情	大面积为空间打底，是天花板的不二之选
壁纸	中性素色之中带有一点儿纹理，简约和质感的融合力最高	有纹理细节，布纹感、石材感、皮革感、丝绸质感	床头背墙、客厅电视墙、儿童房
文化石	耐脏，有质感也充满生活气息	凹凸立体纹理像是石材的切面，可借助错位不工整贴法，制造质感和个性	局部点缀，例如公共空间的照片墙，搭配黑色相框；厨房的锅具壁挂墙，防刮耐脏

Point 1 / 色漆

1 雾白色

厂商色号： 久大 / 雾白标准色
说　　明： 偏奶茶色，适合美式与木质风，安全系数最高。

2 灰绿色

厂商色号： ICI 得利 /90YY 40/058
说　　明： 适合中性的美式风格。

3 浅灰色

厂商色号： 青叶 /5521
说　　明： 北欧风格的低彩度，适合不喜欢墙面颜色太明显的人。

4 浅苹果绿

厂商色号： ICI 得利 / 70GY 83/060
说　　明： 适合无印良品木质风，创造清爽明亮的空间感。

Point 2 / 壁纸

1 棉麻布纹

品牌型号： GLORY/ GR7F37
价　　格： 130 元以上 / m^2（连工带料）

2 丝纹

品牌型号： GLORY/ GRL115
价　　格： 130 元以上 / m^2（连工带料）

3 石纹

品牌型号： GLORY/ GRQ019
价　　格： 130 元以上 / m^2（连工带料）

4 皱褶缎纹

品牌型号： GLORY/ GRI121
价　　格： 130 元以上 / m^2（连工带料）

Point 3 / 文化石

1 米色文化石

品牌型号： CraftStone®/ CSI–094
价　　格： 130~200 元 / m^2（连工带料）
说　　明： 米色用在美式和北欧风格，色调干净简约好搭配。

2 红色文化石

品牌型号： CraftStone®/ CSI–094
价　　格： 130~200 元 / m^2（连工带料）
说　　明： 用于工业风或鲜艳随性的北欧风，此建材适合当主角。

系统柜

柜身&门板&面板

早期许多人不喜欢系统柜，是因为当时材料比较呆板，仿木皮效果也不太好。随着技术更新，系统板材厚度和质量趋于稳定，纹样越来越真实，选择性也变多，而且不需上漆少了甲醛污染，更因施工时间大幅缩减，系统柜渐渐受到欢迎。就作业时间来说，大量用木料做柜子的新房最少需要两个月的工期，但使用系统柜的话，全屋装修只要五周。因此我习惯柜体建材几乎全部采用系统柜，只有局部柜子的门、电视墙面、房间门、拉门、壁板需要用到木工。

板材的纹样使用木纹板材为主，实现风格百搭，再借助颜色深浅营造风格和空间大小，通常公共空间会使用深色展现气势，卧室和柜体颜色都会再浅一点儿。只要留意比例和配件细节，就能发挥系统柜“简单不单调”的特质，还可以做出设计风格。

系统柜质感关键细节

1 踢脚板 一般柜体的踢脚板是8～10cm，木质风可以将门扇做高一点儿，让门下遮，只留下5cm踢脚，再用漆上色隐藏，甚至直接不做踢脚板，与地板齐底，会有拉长空间的效果。

2 把手 隐藏把手能使柜体看起来像一个完整的面，导斜把手让比例更好，增加细致度与和谐感。北欧风格最常用设计感强烈或者造型可爱的把手，而复古黑色锻铁把手一装上去就充满美式风格。

使用北美原橡的木质风柜体，采用隐藏踢脚做法，柜体的踢脚跟地板踢脚高度一致，整体更和谐。

Point 1 / 系统柜板材

1
浅灰清水模

品　　牌：Egger
等　　级：F4 星
说　　明：此板材的颜色好搭，适用的空间范围很广，通常用于单墙点缀，可以在木质风里中和过多的木头纹理。

2
冰岛白橡木

品　　牌：Art Decor
等　　级：E1 V313
说　　明：色泽偏浅，隐约的木纹适合木质风的儿童房。

3
自然灰橡木

品　　牌：Egger
等　　级：F4 星
说　　明：最常用在北欧风和美式风，灰绿色的色调跟浅蓝很好搭，房间如果使用此色当柜身，一般搭配白色门来达到平衡。

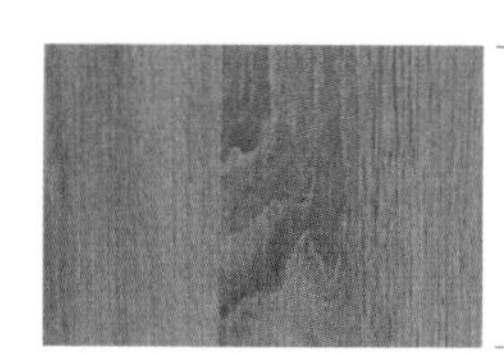

4
北美原橡木

品　　牌：Art Decor
等　　级：E1 V313
说　　明：木质温度稍微重一点儿，通常用在大面积卧室以及公共空间，色泽温和，可以跟周边书桌或系统柜融为一体。

厨房

人造石台面＋钢烤、烤漆面板

面板与台面的材质是需要考虑的两大要点，除非把厨房当作家的视觉中心，否则简单的厨房设计最为实用。建议着重在功能性的配置，以系统柜概念规划，再利用门板和把手变化风格。

台面会接触食物，使用率最高，因此耐用度与好清理是主要考虑因素，目前市场占有率大众化的选择是人造石，预算高一点儿可以考虑赛丽石和石英石。

人造石分雾面与亮面两种，亮面好维护，雾面比较像天然石材。厨房通常是白色的，所以搭配黑或白的台面都可以，若怕台面易脏，可选黑色台面；白色则可以弱化整个厨房的存在感。

厨房其他建材这样选

1 五金 五金很关键，开、关必须流畅与静音，不会摇晃的抽屉轨道很重要。

2 地板材 开放式厨房可以使用超耐磨地板，对于防滑防水没有太大问题（但不能泡水），也能延续客餐厅地板材质，融入整体空间。

3 壁面材 炉灶区和水区的壁材，北欧风和木质风适合贴烤漆玻璃，美式风格用素色手工砖，厨房马上融入整体居家风格。

开放式厨房可以延续客厅超耐磨木地板，结晶钢烤的白色门与空间兼容性最高。

Point 1 / **人造石**

1
白色人造石

品牌型号： Hanex/ T-021 PURE ARCTIC
说　　明： 此款虽为白色但不单调，表面很多结晶白点像石材，缺点是容易吃色。

2
黑色人造石

品牌型号： Hanex / D-028 BLACKBEAT
说　　明： 结晶纹路像星空，若担心白色台面不好维护可以选择此款，不抛光的做法更像天然石材。

Point 2 / **石英石熔岩系列**

灰色石英石

品牌型号： GLORY Quartz Stone / QF9475
说　　明： 比人造石硬度更大、更耐磨。灰色系质地像水泥，有些人为的立体凹凸面，比人造石更像石头。

柜体门搭配推荐

1 结晶钢烤　经济实惠，适合各种空间，是常使用的门板。
2 实木烤漆　板材质感好，颜色多元，最常使用的是灰色和原木色，适合融入各种空间，费用较高。

卫浴

雾面地砖、烧面板岩砖+花砖、地铁砖、手工砖

安全性和易维护是浴室重点，因此，一般选择好清洁的地砖为主，倘若有小孩、老人，一定要选择防滑效果高的材质。壁砖则可以有更多花样变化的选择，要注意，有些砖材只适合当壁砖。至于色彩，以舒适为主，黑白灰色系以及灰蓝、浅灰大地色系，有清净之感，非常适合提亮空间。若担心太过朴素，可以选择花砖，用同一种砖去做大面积的拼贴，尽量别使用传统腰带砖，会把一个面切割成上下两部分，让小小的浴室视线变复杂。

地砖选择注意事项

1 雾面地砖 防滑效果不错也好整理，是普遍的好选择，担心难维护的人，深色是最保险的选择。

2 烧面板岩砖 家中有小孩老人，建议使用板岩材质的地砖，防滑效果最好，只是易脏，需要特别清洗维护。

3 马赛克砖 虽然很有风格，但细缝太多容易卡水垢，不适合无法勤于维护的人。

防水美型贴砖法

区域	贴砖范围
水区	整面墙贴砖
干区	只贴半高，高度到 120cm
马桶和台面上方	尽可能留白不贴砖，上漆或贴明镜，降低封闭感

浴室空间的用砖，除了防滑考虑，也可以运用质地与花色做出搭配。

防水小窍门

以水性PU防水胶做防水涂料，在墙面转角和地壁交接的地方，特别覆盖织布，可预防龟裂并加强角落防水，剧烈震动时，可保护防水层不易龟裂。

Point 1 / **地砖**

1
烧面板岩砖

价　　格： 200~330元/m^2
说　　明： 防滑效果最佳，质地越粗越自然。

2
雾面木纹砖

价　　格： 200~330元/m^2
说　　明： 常用作地板材料，灰色系跟不同的壁砖都很好搭配。

3
花砖

价　　格： 330元左右/m^2
说　　明： 地、壁砖两用，此款花砖低彩度可降低刺激。浴室很小的话，用在地面；大浴室的话可在墙面上局部使用。

Point 2 / **壁砖**

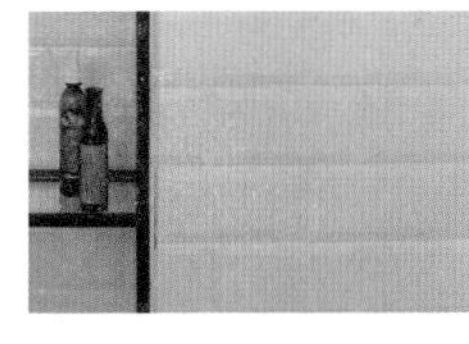

1
地铁砖

价　　格： 130元左右/m^2
说　　明： 长方形有导角的设计让砖面有立体感，是北欧、美式风格的常用砖，只能当壁砖。

2
手工砖

价　　格： 330元左右/m^2
说　　明： 通常作为壁砖使用，具有浓烈的复古质感，散发温度，常用米白、灰蓝、奶茶色，适合美式与木质风格。

照明器具

LED当道，让家省电明亮有温度

过去对照明的需求只有一个：要够亮。如今开始讲求节能与舒适，只是照明设计是一门要修好几年的课，我们跳过艰涩的光学知识，抛开专有名词和数据，告诉大家如何用最简单的方式决定照明方式与器具。

当自然光源不足，可以通过不同的照明方式和灯具配置来让空间更明亮。然而灯光也是改变空间印象的魔法，一盏灯就能改变室内气氛，实现明亮又有质感的生活环境，在实用与质感兼具的需求中，可以先简单了解居家灯光的几种特质以及不同空间的适合类型。

一般来说，照明种类有三种：基础照明、重点照明、装饰照明。

1 基础照明 主要目的是为空间提供整体均匀的照明，减少黑暗，采取的照明方式可以有直接、半直接、间接与半间接。

2 重点照明 针对某些特定区域和物件做重点投光，像艺术品、画作的投射灯或是工作照明的台灯。

3 装饰性照明 如灯带、壁灯等，装饰功能大于明亮需求，多半作为辅助照明。

由此可知，照明涉及了光的主要映照范围、功能，其照明效果和灯具选择息息相关，如一般家庭最常使用的吊灯，在材质上也会因为透光与不透光、属于直接照明吊灯或半间接透明吸顶吊灯而形成不同的亮度。

各式照明比一比

特点分析	直接照明	半直接照明	间接照明	半间接照明	全面漫射
照明图示					
灯具类别	吊灯	吸顶灯	层板灯	吸顶吊灯、壁灯	吊灯、吸顶灯
光照范围	灯罩本身不透光，光源直接照射到工作面与空间中	灯罩本身为半透明材质，主要光源集中在工作面上，部分光照由灯罩向上扩散	灯罩本身不透光，直接向上打光，借由天花板或墙面反射至工作面上	灯罩为半透光材质，主要向天花板或壁面打光，部分则由灯罩向下透光	灯罩为半透明材质，光源从上下左右发散，几乎可达到每个角落
照明优点	亮度强	整体光线较均匀	不易形成阴影	调和间接光与直接光，光线柔和	产生的影子较少
照明缺点	反射光强，易产生刺眼眩光	相较直接照明，照明效果较差	照明效果最差	照明效果较差	照明效果较差

专家信息
周家逸（右）、石铠铭（左）
背景：迪克力照明公司负责人，在照明产业有20多年资历，提供LED照明应用、优质灯光及控制方案的供货商。

选灯泡，亮度、色温要注意！

影响空间照明亮度的因素有很多，如灯泡数量、色温、瓦数、光通量，甚至家中墙面的颜色跟材质。以往灯泡一直是以瓦数作为亮度指标，因为过去耗电功率（瓦数）与光通量（流明）成正比，同样的灯泡，瓦数越高流明也越高。但随着照明技术进步，每瓦可产生的亮度也一直在提升。

举例来说，同样的亮度，过去要100瓦的白炽灯泡才能达到，螺旋灯泡只需27瓦可达到相同亮度，而最新的LED灯泡只需15瓦即可取代前面两者。此外，对于光的颜色选择要看色温，除一般人习以为常的白光、黄光之外，还有介于中间近似日光的中色温，可视空间属性需求配置。

亮度守则1　一只灯泡对应3.3平方米空间

首先灯泡数量要足够，原则上一只灯泡的亮度可以照到3.3平方米，一般房间大约4~6只灯泡。如果不希望家里的灯泡数量太多，也可以搭配落地灯、台灯作为辅助照明器具。

各式色温比一比

差异性	黄光	暖白光	昼白光
色温	2700~3000K	4200K	5700~6000K
特色	红光成分较多，给人温暖、舒适的感觉	介于黄光跟白光之间，接近自然光的颜色，清亮但不死白	有明亮的感觉，使人精力集中且不容易睡着
适用环境	住家	住家、办公室	大卖场

亮度守则 2　找到适合家的光之色

购买灯泡时，除了辨识“昼光色”“黄光色”之外，色温数值也是评估的标准之一，一般我们所说的黄光色温范围在 2700~3000K，昼白光为 5700~6000K。色温越高，光色越白越偏蓝；反之，越低则越黄越红。目前还有一种 4200K 的自然光属于中色温，接近日光的颜色，非常适合各式空间。

亮度守则 3　买对灯泡很重要

迪克力照明公司负责人周家逸说，照明已经来到 LED 时代。过去为了方便，一直以瓦数当单位，但 LED 因各家厂商技术能力不同，无法以瓦数当作亮度标准，例如一个 1000 流明的 LED 灯泡，有的厂商 13 瓦能做到，有的要 17 瓦才能达到，所以聪明的消费者要花钱买亮度而非瓦数。

瓦数简易对照表

使用处	省电螺旋灯泡	LED 灯泡
床头灯	15 瓦	10 瓦
3 米高天花板	23 瓦	13 瓦
6 米高天花板	40 瓦	25 瓦

注：制造商技术不同，流明数与瓦数的对比也会不同

灯泡种类小知识

白炽灯泡　包括钨丝灯泡及卤素灯。通过电流将钨丝加热至白炽而发光，所以温度愈高，发出的光愈亮。

卤 素 灯　钨丝灯的进化型，灯泡外壁使用更耐热的石英玻璃，灌进能带走高温的卤素气体以保持稳定。

荧光灯泡　是一般家庭最常见的光源，包括省电灯泡、PL 灯，T5、T8、T9 荧光灯管（日光灯）。

螺旋灯泡　市面上的“省电灯泡”。是将灯管折成螺旋形的荧光灯，省电是相对于白炽灯泡而言。

LED、一般灯泡替换对照表

灯座尺寸	一般	LED
E27	省电螺旋灯泡 	LED 灯泡 
E14	钨丝灯泡 	LED 灯泡 
E11	卤素灯泡 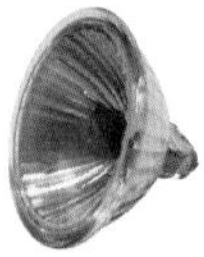	LED 投射灯泡 
T8	日光灯管 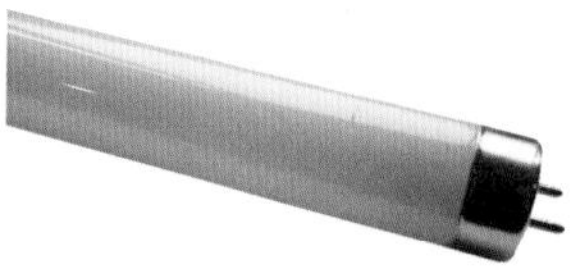	LED 灯管 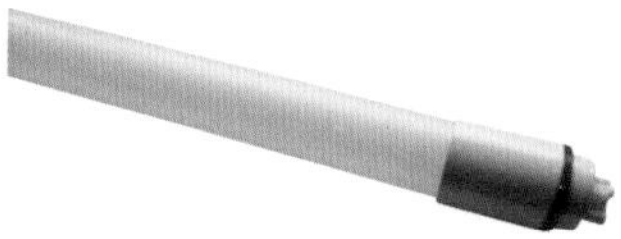
T5	层板灯 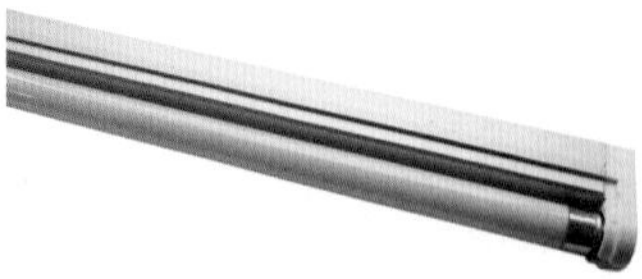	LED 层板灯 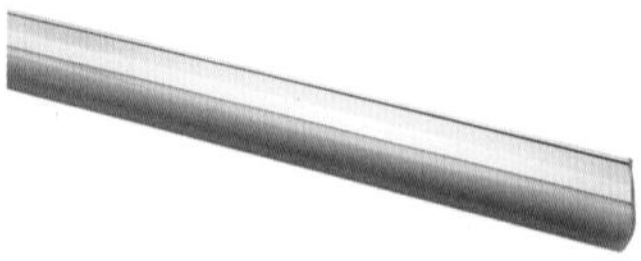

灯泡大换血！迎接 LED 时代

近年来 LED 照明产品节能省电的优点普遍被认可，跟省电灯泡相比，可省下约 50% 耗电量。此外，LED 灯泡照明产生的热量微乎其微，低辐射热降低室内热源；最重要的是因为发光的原理不同，LED 灯泡的寿命长，可减少更换成本。

LED 灯泡的寿命长，但也有太多消费者有不好的体验，灯泡用不到一年就坏了！问题出在“散热”。LED 灯泡对于热非常敏感，在不透气或密闭的灯具容器内，缺乏空气对流使得 LED 灯温度上升，温度一高容易引起光衰且缩短使用寿命，因此散热对于 LED 灯具非常重要。

LED 照明产品已经逐步替代传统照明产品，过去市面上各种尺寸的常用灯泡，都可替换为 LED。选择灯泡时，首要确认的是灯座是否合适以及灯管形态，读者可参看 LED 与一般灯泡类型对照表，对照出可直接替换成 LED 灯的各式白炽灯、日光灯。有意更换的房主，可预先检视对照家中各角落灯泡类型，方便一次处理。

LED 嵌灯，泛光好？投射好？

居家嵌灯的选择其实有两种，一是泛光型，一是投射型。由于 LED 亮度较高，容易产生刺眼眩光，若作为壁面打光，凸显墙面材质建议使用投射型灯具。至于泛光型灯具，可减缓 LED 的高效光源，效果柔和。如果空间较小，使用吊灯或美术主灯会产生压迫感，也可使用发光较广的泛光型嵌灯做主要照明。

左为泛光灯具，右为投射灯具，照度效果前者强调通亮，后者着重聚光。

从客厅到卧室，灯光使用法则

灯具的使用同样不脱离“越简单越好”的法则；天花板的灯具越少越好，灯具以能够简单维护为佳。

客厅——

搭配落地灯以减少天花板上方的灯具数量，同时也让空间有足够的亮度。在照明与氛围的拿捏上，还可使用聚光灯打墙，一来可以让墙面色彩突出，二来不会直接看到裸露的灯泡。

餐厅——

使用的吊灯，会有一种凝聚情感的心理作用，高度可设定在离地165~170cm，符合我们坐在餐椅上的使用情境，能让光源更贴近。

房间——

以主灯为主，减少装修的匠气，会让空间更有生活感；卧室床边的台灯也可用吊灯取代，因为吊灯的线条能拉伸空间高度，创造好的比例，离地130cm的光照范围最适合，辅助床头阅读的效果最好。

在色温选择上，居家使用3000K的黄光，可以让整体环境更加温馨舒适，搭配色系以浅大地色为主，像米白色、雾白色。使用黄光时要注意，墙面与地板的颜色不能太深，否则会使整体空间太过暗沉；若使用特别的颜色，如蓝色，则建议使用4200K的暖白光，可以避免颜色失真。另外，如果不喜欢太多灯具，天花板用自然光，台灯、落地灯搭配黄光的做法，可达到灯少又明亮的效果。

窗帘

风琴帘、垂直帘、纱帘，取代厚重布帘

窗户是房屋之眼，也是连接内外的通道，有控制采光、隔热保暖及保护隐私的实用功能。设计得宜的窗户是天上掉下来的礼物，没领到这大礼也别气馁，善用窗帘就可修饰得当。

专家信息
蔡政刚
背景：京朴家饰公司负责人，从小在传统窗帘制作工厂长大，熟知窗帘知识，专业经营窗帘家饰公司。

要找到合适的窗帘，务必先了解窗户与房子的关系，包括窗户的位置、大小，跟墙面的比例和距离，是否有西晒，楼间距，以及跟周边家具的配置关系，由此考虑窗帘的形式及功能性。原则上挑选窗帘是装修的后期步骤，先把家具配置好，选定油漆、地板、地毯、家具等颜色，让多样性的窗帘来配合则更为省力。

京朴家饰公司负责人蔡政刚提醒：窗户左右墙面的深浅，以及窗户上下的高度，都会影响窗帘选配，好比说落地窗户旁有一面犄角墙，在规划时可使用收折的窗帘加大面宽，遮去尴尬犄角墙以制造完整墙面；至于半腰窗，也可让对开布帘加长落地，提高空间的完整性；若是窗下有矮柜或台面，建议使用上下拉帘，不必担心窗帘高度问题，也是为了使用更加便利。

上下开？左右开？窗帘类型先决定

窗帘样式非常多样，根据使用方式可分为“左右开”和“上下开”两种形式。“左右开”常见的是布、纱帘，“上下开”的窗帘有卷帘、风琴帘、百叶帘等。可先选择使用方式，再决定窗帘的种类，下一步才是材质。

此外，每个人对窗帘的要求都不同，有人重视清洁保养的便利性，有人在意光线的控制度，有人则讲究美观，不同的窗帘种类各有优势与弱势，还要考虑适合的环境和窗户类型，先从自己在意的需求下手，再依据空间条件和用途筛选，轻松找到称心如意的好窗帘。

各空间窗帘需求大不同

空间用途与使用成员会影响窗帘功能的选择，尤其对明暗度的需求因人、场所各有不同。

客厅

是家人主要活动场所，着重在温度、采光调节与隐私功能，通常以传统沙帘和布帘做首要选择，除了布料花色多样可配合各种风格外，布帘的质料、触感以及垂坠感能让居家空间更加舒适温暖。此外，造型利落且好操控的调光卷帘也越来越受欢迎，只是须注意调光卷帘无法做到百分之百遮光，它是利用镂空跟密织段的错位来调光，仍有 20% 的透光率。

厨房、浴室、书房

重点需求在于好清洁、维护容易的卷帘。不怕湿的卷帘跟百叶帘适合用在浴室；而书房强调专注，以调光功能强、繁复性较低的风琴帘或卷帘为优先，木百叶帘与木制书柜的搭配也能提升空间的风格感。

卧室

属于休息空间，窗帘的遮光度能达百分之百最好，布帘、遮光卷帘与风琴帘都是遮光度极高的选择，同时可保护隐私。若是窗外风景杂乱，可以选择多层次的窗帘，如纱帘搭配布帘、卷帘加纱帘以达到遮蔽效果，风琴帘则可上下移动达到局部遮掩。

至于有西晒问题的房间，必须使用遮光率高的窗帘，双层帘或是里层加装遮光布也可有效阻挡光线，而风琴帘的控温效能有助于解决西晒，百叶帘和调光卷帘则能遮挡大部分的光线同时保持透光，让空间不会太昏暗。

调光卷帘

卷帘

常见窗帘比一比

种类	布帘	罗马帘	卷帘	百叶帘	风琴帘	调光卷帘
特色	对开式窗帘，长度常可遮盖整个窗户，遮光性强	上拉式窗帘，由一片布制成，通过拉绳跟环扣带动，层层收折	通过转轴转动的平面窗帘，有透光透景、透光不透景、全遮光三大类	可自由调整叶片角度来控制光源	蜂巢式结构，在内部形成一个中空空间，有效隔热且遮光	也称“斑马帘”，上下开阖，通过透光与遮光材质的错位，可随意控制光源
优点	1. 顶端车缝的折边，增添丰盈感 2. 有效遮光且隔音	整片布制成，大面积布料可呈现各种图样	1. 面料以聚合材质为主，价格亲民且好清理 2. 不易沾染落尘，适用于潮湿环境	1. 可依据窗型比例搭配不同叶片宽度 2. 耐潮湿	1. 无段式上下操作，自由调整分布范围及位置 2. 保温隔热效果最好	1. 面料不易沾尘、少有尘螨 2. 可调整阳光洒入室内的角度
缺点	维护时需拆洗，保养较复杂	1. 车工复杂，费用较高 2. 零配件多，需要常维修	1. 不适用大面积的窗户 2. 角窗需注意转角漏光问题	叶片损坏率较高	价格高	无法百分之百遮光
质料	合成布料、缇花布、棉织布、印花布、棉麻、人造纤维等，种类繁多	可用布料范围广，通常以硬挺布料为主	塑料、聚酯纤维等防水布料为主	铝制、木制、塑料、竹制	主要是聚酯纤维	主要是聚酯纤维
计价方式	以码或尺计价	以才计价	以才计价	以才计价	以级数计价，用窗户的尺寸长宽来决定级数	以才计价

（1 才 =30.3cm × 30.3 cm）

布帘

对开窗帘，“里布”是遮光要角

窗帘最重要的功能就是“遮光”，对开窗帘利用布的厚度保持室内温度以及隔热，而遮光率靠的是窗帘的“里布”。里布有四种可以选，以遮光率来说，TC 里布 20%、加厚里布 40%，全遮光布、多层次遮光布可以达到 100%。至于每个空间的遮光度多少，这关系到每个人对光的敏感度，但一般来说，客厅 60% 遮光即可，适时地让光线洒入对家的环境比较好，有影音视听需求才要做到 100% 遮光；书房若是独立空间，40%~50% 的遮光刚好，可以让空间明亮些；卧室讲求睡眠质量，通常建议做到百分之百遮光。不过儿童房因人而异，有些家长希望像大人卧室一样创造舒适的睡眠空间；另一种是主张透光性好一点儿（遮光率 70%），没有光线会睡得太舒服，起不来。

风琴帘、卷帘、百叶帘，功能强大！

蔡政刚观察近几年的家装产业状况，发现对开窗帘与罗马帘的需求明显降低，可能原因是人们居住风格及生活状态的改变。对开窗帘的特色在于精美的波浪弧度以及收折在两侧的浪漫垂坠，相较之下，风琴帘、卷帘、百叶帘等材质，收折后体积大幅缩小，不会占据太多窗户空间，可以引进的光线较多，清洁打扫更方便，空间感也较为利落。

以蔡政刚先生的公司来说，近年来调光帘跟风琴帘是多数客人的喜好产品，调光帘结合了百叶帘与卷帘的优点，有百叶帘调光的功能，以及卷帘易操作且造型简约的特性，重点是经济实惠，价格一般在 31~84 元 / 才；风琴帘特殊的构造设计，利用中空段延迟光热进入室内，隔热保温遮光效果非常好，还有一项其他窗帘无法取代的功能——自由操控窗帘的停留位置，可以遮想要遮的地方。一般窗帘都是由上往下，或是左右垂直遮挡光线跟视野；风琴帘完全不受此限，露出想要看到的天空，遮蔽邻居视线或是映入窗户不同高度的建筑物体。

1 风琴帘具有可上下调整的优点，自由选择要遮蔽及敞开的地方。

2 风琴帘的独特蜂巢式中空设计，将热气滞留在中空段，达到隔热保温的效果。

窗帘安装该知道的事

一般来说窗帘安装分为框内跟框外，像布帘和罗马帘就属于框外安装，这一类在宽度和高度上要求绝对精准，才不会有漏光或是比例不均等问题。至于风琴帘、卷帘、调光卷帘、百叶帘这类具有伸缩收合特质的窗帘，高度可弹性调整，只需特别注意宽度的准确以及窗框由上而下的宽度尺寸是否有落差。基本上，框外窗帘要大于窗框 5~10cm；框内窗帘则需要注意宽度的一致，丈量时建议上中下三点测量宽度确保数据一致，如果窗框不对称，最好避开上下开的形式。

至于框内与框外的窗帘选择要视现场环境而定，但若遇到宽且厚的窗框，建议采用框内帘，若用布帘则会太过厚重也离窗户太远，容易产生热堆积。基本上，窗帘离玻璃越近，隔热与遮光效果越好。

达人提醒

1 安装小贴士 尽可能把窗帘靠近天花板，视觉上可以拉高窗户与天花板。若是安装窗帘杆，建议离窗框上缘约 10cm 或是更高，如此一来，即使些微不平整也不易察觉。

2 免漏光小贴士 若选用对开窗帘，宽度最好在窗户左右两侧都多留 10~15cm，半腰窗下摆也同样增加长度 10~15cm。或是选用紧贴窗框的垂直帘（上下升降的方式），如罗马帘、风琴帘、卷帘，缩减窗帘与窗户的距离，阻止光线渗入。

窗帘使用框外做法，遮光效果较佳。

依据房屋的窗户形式，选择合适的窗帘种类。

设计师补充！

别自找麻烦！素色、大地色窗帘，100% 安全选配

窗帘是居家的配角，越单纯越能融入空间。好的窗帘要具有遮光遮蔽隐私的功能，同时还要维持整体空间的和谐，彩度越低越好，素色跟大地色系是搭配安全系数最高的选择。

客厅——风琴帘、布帘、纱帘

不需要全遮光，通常会使用有点儿透光度的薄布或纱帘，双层布帘＋纱帘多用于落地窗，白天把布帘拉开，只用窗纱来遮挡隐私，透过纱帘进入室内的光线也会变得很柔和，西晒时拉上布帘就可以有效隔热。风琴帘也适用于客厅，功能性高。

房间——风琴帘、卷帘、木百叶帘

房间最常使用遮光卷帘跟木百叶帘，若楼距比较近，同时需要采光与遮蔽隐私，可以通过风琴帘来解决。有些人会希望在窗帘上变换花样，增加房间的精彩度，但房间的窗户通常与床的距离很近，太多花样反而会造成床品的搭配困难，一不小心就产生花色冲突或显得凌乱，选择素色可以让后续家饰、寝具的采购选配容易许多。

白纱或带灰色系纱帘，可以轻易融入各种风格的空间，纱帘不透明的特性可保护隐私，也让空间变温柔。

沙发

北欧×美式风格沙发，经典不败

如果说家的重心是客厅，那么沙发就是客厅的灵魂。一张对的沙发，造型、花色、骨架用料、结构设计、填充物都不能马虎，此外，触感、包覆性、坐垫设计也都十分重要。

想要为家里营造一种风格，并且确保自己买到的是地道的风格沙发，建议大家可以先试着认识该风格的经典品牌家具，以及这些品牌常见的木材骨架与布料。举例说明，许多北欧经典家具品牌像是丹麦的Wendelbo，在骨架上经常使用新西兰进口的松木或是北美进口的白橡木，布料则是聚酯纤维与羊毛为主，这可以当作评估店家物品的指标。

沙发挑选如何开始?

挑选沙发的程序，首先要分为“外在环境”与“自我感受”。前者指空间尺寸、风格对应；后者要讲究沙发的使用习惯，包括坐姿、躺靠方式、软硬喜好等。

专售北欧与乡村风格沙发的“Mr. Living 居家先生”提到，第一步要了解家里主要风格、家庭成员人数，此外要确定沙发背墙的长度，才能找对沙发的尺寸。一般来说，沙发的高度以脚可以放到地上最为舒适，一般高度42~48cm、深度55~60cm是较为符合大众的尺寸。然而，这个标准不一定适合所有人，还是要以自己最自在的坐姿为主。

家庭人数较多，需要选不同尺寸来组合，这时整套沙发不一定要同款，可以选不同样式、花色的沙发相互搭配，尺寸配置除了3+1、3+2、3+1+2，也可以考虑L形或是用主人椅搭配。大型沙发作为空间主角，选百搭的大地色能够与其他配角的关系更和谐。此外，组合的沙发强调混搭，款式不用一样，也可以大胆跳色，例如三人座＋主人椅，沙发选用大地色，主人椅则选配抢眼的颜色，会让空间更亮眼。

很多人喜欢美式乡村的沙发，但总碍于空间太小，其实在空间条件有限的前提下，可以选择元素简单的轻美式风格，客厅其他的大型物件像电视柜或茶几也可以做取舍，就会省下许多空间。另外，小空间除了可挑两人座，也可选最小尺寸180cm的三人座，未来使用上会有更多弹性。

专家信息

Mr. Living 居家先生

由左至右：Victor（杨大成）、Derrick（杨大侑）、UFan（林宇凡）。

背景："Mr. Living 居家先生"的负责人是三位年轻人，从家里的沙发工厂作为创业起点，采用一条龙的经营模式，从设计、生产到销售，通过与消费者直接链接，让每个人都能用市价 3~6 折的价钱买到自己喜爱的家具。

挑沙发，从认识沙发开始

很多人在购买沙发时，最在乎的当然是用料，因为一张沙发用得久的关键在骨架与内部的填充物。但是，很难从美观的成品来评断内部结构的好坏，不要说一般人，就连行家没有拆开沙发也不知道里面好或不好。

不过还是有方法从外部判断。

1 用料注意！骨架绝对要实木

实木的承重力与稳固度绝对胜过加压黏合的复合板或是木屑板，木材选用的是硬木还是软木也是重点，例如新西兰松木被分类为"硬木松"，是很好的结构材料；白橡木、胡桃木这类硬木因为色泽纹理漂亮，做家具的比例高于骨架。结构的稳定性主要来自制作强度，比如木头钉得扎实，每块木头与木头之间接合的牢固性，所以只要使用中等强度以上的木材即可，如新西兰松木以及橡胶木等。

2 车工注意！从细节看出产品好坏

内部结构除非拆开，否则很难剖析真假，但可以从外部的工艺上判断，一张车工细致的沙发，内部结构不会坏到哪里去。像沙发底部的缝线是平直还是歪七扭八，布料接口处的线脚是否均匀，车线有无对称；也可从布料的花样来检视车工的细致度，例如条纹款式的沙发可以看椅背到沙发底座的线条有没有相对，或是有没有让花朵完整地出现在沙发的面上；有拉扣的沙发，可以从扣子去检验工艺，仔细比对扣子彼此有没有对齐、拉进去的深度是否统一；还有绷布的弧度和紧实度。这些都是机械无法取代的，也是展现师傅功力的地方。

3 试坐注意！要坐才知道泡棉好坏

另外，购买沙发一定要试坐，而且要坐久一点儿，因为可以感受内部泡棉的软硬度，以及观察是整块泡棉还是碎棉，拼凑的泡棉会有缝隙，整块切割的泡棉让人感觉松软且均匀；还可从泡棉的恢复速度判断是一般泡棉还是高密度泡棉。

4 体验注意！用家里的坐姿找出合适的沙发

首先，在家怎么坐，试坐时就怎么坐，沙发要适合每个人的使用情境跟习惯，因此用最真实的方式试坐才能找到一张贴合自己身体的沙发。排除喜欢坐笔直的可能性，一般来说，有弧度的椅背以及有斜度的扶手会让沙发具有包覆感，坐起来更舒适；习惯大字形坐法的人，低背款式可以让手更轻易伸展轻靠；深度较大的沙发适合爱盘腿的人；喜欢整个人窝在沙发里的话，可以选择椅垫厚实、靠垫饱满且包覆性好的款式。

拉扣款式的沙发，扣子的工艺是检验质量的方式之一。

美式、北欧沙发适用大多数空间

美式与北欧这两种风格都有自己惯用的材质与做法。沙发的材料上，就地取材是多数风格的用材依据，棉、麻等植物提取的材质，是地广、作物多的美国乡村容易取得的材料，也因此常见于美式、乡村风格；而高纬度的北欧林木多，很多经典品牌的家具皆以木构为主。

以舒适温馨为主需求的美式乡村风，自然发展成可以倚靠的高背形态；讲求简约精神的北欧风，以低背、利落的造型来诠释风格的简练时尚。

北欧风格的沙发造型简练，不只线条简单，布料用色也倾向以素色展现纯粹，因此能够迎合各种空间需求。鲜活的亮色能展现北欧的随性与乐趣，低彩度的色系也能在现代风或木质风里出现，也因为其利落硬挺的特点，大幅降低沙发的体积感，从而深受许多居住面积小的人的喜爱。

对应北欧的中性感，美式或乡村风格较偏女性味，能够轻松营造高雅、甜美、浪漫等特质，因此这两种风格的沙发足以供应九成居家空间使用。

美式沙发的蓬松感会增加空间的舒适度。

北欧与美式风格沙发比一比

	北欧风格	美式乡村风格
布料	聚酯纤维、羊毛	亚麻、棉麻、聚酯混麻、缇花
沙发构材	新西兰进口的松木	美国及中国东北的桦木
椅脚	白橡木	桦木
椅背高低	低背	高背
坐垫软硬度	硬挺、简练	偏软、蓬松

简单看懂沙发制作过程

椅脚骨架——

椅脚的木框周围，是沙发打底的重要开始。采用高档木材的硬木确保骨架的稳固与耐用。

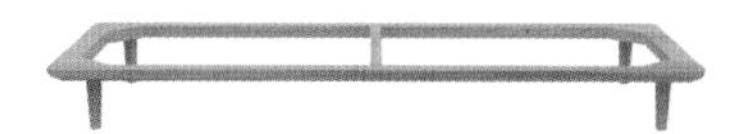

内里骨架——

沙发的内里骨架，采用新西兰松木，是属于油性、变形小、色泽好且韧性好的松木类别，质量稳定、稳固。

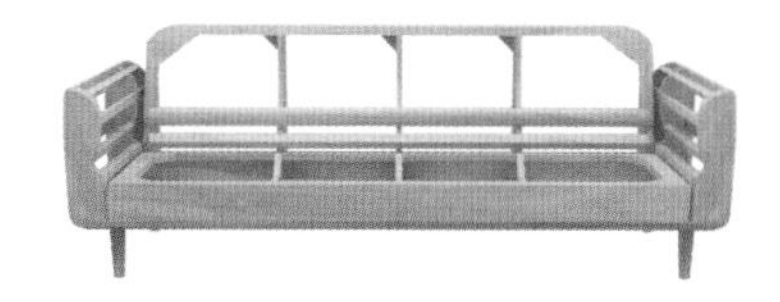

高弹力绷带——

十字结构的高弹力绷带，是确保沙发坐感舒适有弹性的关键之一。

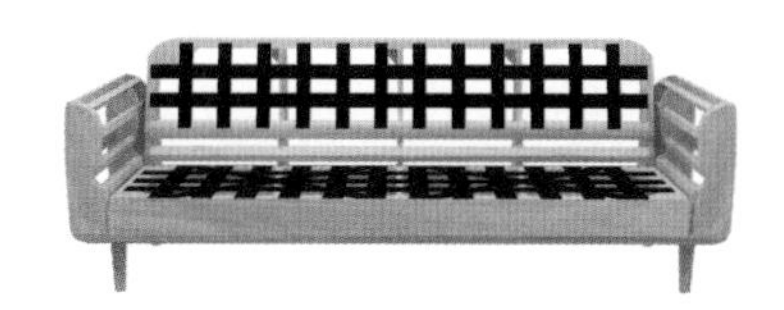

泡棉——

绷上符合沙发舒适坐感的泡棉，泡棉从切割到填入皆使用机器作业，确保泡棉的均匀与完整。

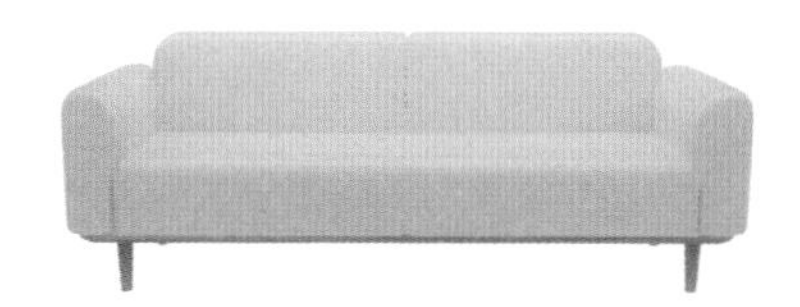

包里布——

泡棉外部再使用 Dacron（以聚酯纤维为主要成分的布料）来包裹泡棉，能让表层有更柔顺的呈现以及舒适的坐感，同时能一定程度避免布绷上去时产生皱褶。

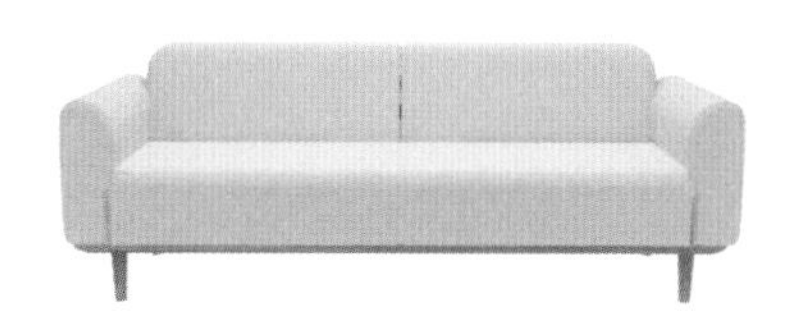

绷布——

最后的步骤，也就是将布绷罩上沙发的表面，沙发就大功告成啰！

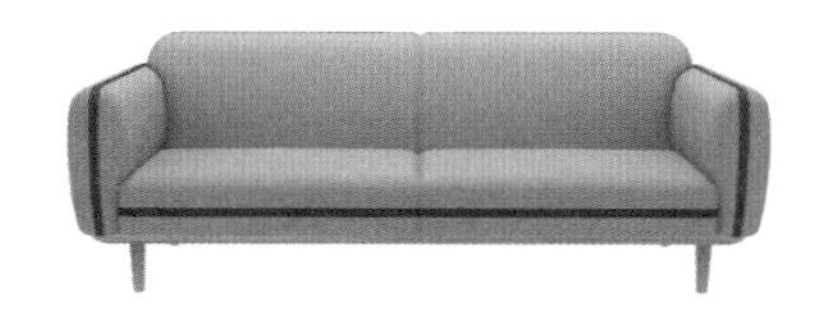

空间的主角，中看也中用的选法

沙发是家庭最主要也是最大型的家具，影响整个居家的风格，不能只好看，还要好坐、好维护。身为设计师，在选择上有几个要点是我比较在意的。

椅背——

好不好坐，椅背高度很重要，我通常会选择可以靠到脖子的高度，脖子不悬空能提高舒适性。而北欧风格多数为低背沙发，可以用主人椅替代。另外，我在挑选美式风格的蓬松沙发时，会特别留意靠垫有没有羽绒成分，含有羽绒材质的靠垫较为松软也好整理，轻轻拍一拍或换个方向就能恢复原来的蓬松度，也不易变形。

色系——

选择沙发色系可以分为两种情况。一是让沙发成为空间主角，这种手法在北欧风格中很常见，运用突出颜色，如深蓝色、鲜黄色让沙发跳出来变成空间亮点。二是温和路线，讲求整体的和谐，沙发颜色不需要特别突出，这时可以从墙壁颜色延伸，选择同色系做深浅对比，但沙发要比墙壁颜色深，才会有立体感，也不容易脏，常用的大地色有奶茶色、秋香色、灰色系，这些都属于可以持久耐看的颜色。材质则是棉麻布居多，触感舒服。

尺寸——

沙发尺寸怎么挑？通常不建议选择两人座的沙发，会局限未来用途也影响客厅的完整性。那么面积小怎么办呢？三人座沙发标准是210cm，小面积可以选择180cm或190cm的沙发，除了缩减长度，薄扶手的款式大幅降低了巨大感，也适用于小住宅；一般国外家具的深度是95cm，我们使用90cm已足够。

沙发的品牌、款式如雨后春笋，选择性相当多元，若是非常注重沙发舒适度，成品的样式与功能如果不能达到满意，可以选择定制，从硬度、材质、颜色到尺寸都可完全定制。

素面沙发配上华美单椅，简化美式风的繁复感。

风格沙发无绝对款式

以往对于美式风格的沙发总有很多曲线、层次与花样的浪漫想象，其实素色面料或是精简造型的沙发，只要撷取美式风格的特质，例如棉麻质料、蓬松感或是裙摆效果，都适合放进美式风格里。

图书在版编目（CIP）数据

一辈子的家，这样装修最简单 / 朱俞君著. -- 北京：北京联合出版公司, 2019.5（2019.10重印）
ISBN 978-7-5596-3118-3

Ⅰ. ①一… Ⅱ. ①朱… Ⅲ. ①室内装修 Ⅳ. ①TU767.7

中国版本图书馆CIP数据核字(2019)第064109号

著作权合同登记 图字：01-2019-2000号

一辈子的家，这样装修最简单

项目策划 紫图图书ZITO®
监　　制 黄　利　万　夏

著　　者 朱俞君
责任编辑 孙志文
特约编辑 曹莉丽
营销支持 曹莉丽
版权支持 王福娇
装帧设计 紫图装帧

北京联合出版公司出版
（北京市西城区德外大街83号楼9层　100088）
天津联城印刷有限公司印刷　新华书店经销
130千字　710毫米×1000毫米　1/16　13.5印张
2019年5月第1版　2019年10月第2次印刷
ISBN 978-7-5596-3118-3
定价：69.90元
